智能Web算法

（第2版）

Algorithms of the Intelligent Web

（Second Edition）

U0332568

[英] Douglas G. McIlwraith
[美] Haralambos Marmanis　著
[美] Dmitry Babenko

Yike Guo　作序

达观数据　陈运文　等译

电子工业出版社
Publishing House of Electronics Industry
北京·BEIJING

内 容 简 介

机器学习一直是人工智能研究领域的重要方向，而在大数据时代，来自 Web 的数据采集、挖掘、应用技术又越来越受到瞩目，并创造着巨大的价值。本书是有关 Web 数据挖掘和机器学习技术的一本知名的著作，第 2 版进一步加入了本领域最新的研究内容和应用案例，介绍了统计学、结构建模、推荐系统、数据分类、点击预测、深度学习、效果评估、数据采集等众多方面的内容。本书内容翔实、案例生动，有很高的阅读价值。

本书适合对算法感兴趣的工程师与学生阅读，对希望从业务角度更好地理解机器学习技术的产品经理和管理层来说，亦有很好的参考价值。

图书在版编目（CIP）数据

智能Web算法/（英）道格拉斯·G. 麦基尔雷思（Douglas G. McIlwraith），（美）哈若拉玛·玛若曼尼斯（Haralambos Marmanis），（美）德米特里·巴邦科（Dmitry Babenko）著；陈运文等译.—2版.—北京：电子工业出版社，2017.7

书名原文：Algorithms of the Intelligent Web, 2nd Edition

ISBN 978-7-121-31723-1

Ⅰ.①智… Ⅱ.①道… ②哈… ③德… ④陈… Ⅲ.①互联网络—程序设计 Ⅳ.①TP393.4

中国版本图书馆CIP数据核字（2017）第121014号

策划编辑：张春雨
责任编辑：刘　舫
印　　刷：北京天宇星印刷厂
装　　订：北京天宇星印刷厂
出版发行：电子工业出版社
　　　　　北京市海淀区万寿路173信箱　　邮编：100036
开　　本：787×980　　1/16　　印张：15.5　　字数：278千字
版　　次：2017年7月第1版
印　　次：2022年10月第3次印刷
定　　价：69.00元

凡所购买电子工业出版社图书有缺损问题，请向购买书店调换。若书店售缺，请与本社发行部联系，联系及邮购电话：（010）88254888，88258888。

质量投诉请发邮件至 zlts@phei.com.cn，盗版侵权举报请发邮件至 dbqq@phei.com.cn。

本书咨询联系方式：010-51260888-819　faq@phei.com.cn。

将本书献给我挚爱的 Elly。

—D.M.

译者序

　　人工智能和机器学习技术近年来得到了飞速的发展，并成为计算机界乃至全社会炙手可热的话题。这些优秀的技术让每个人的生活越来越方便和智能，这让从业者感到非常欣喜。智能算法是人工智能的核心技术，不论是我当前创办的达观数据，还是之前在腾讯、盛大、百度等互联网企业的工作，都是围绕智能算法展开的，我对此有深厚的热情。因此当电子工业出版社计算机出版分社的张春雨编辑邀请我翻译这本《智能 Web 算法（第 2 版）》的时候，虽然深知翻译和审校要付出大量的时间和精力，但还是很愉快地接受了邀请并完成了翻译工作，希望本书中文版的面世，能帮助广大爱好者建立起对 Web 数据挖掘和机器学习技术全面且直观的了解。

　　在众多有关机器学习和数据挖掘的书籍里，本书是颇为经典的一本。其特点之一是内容覆盖面很广，有关网络数据挖掘的方方面面都涵盖到了，从数据采集、存储，到降维运算和结构抽取，以及涉及模式识别的聚类和分类、统计机器学习理论等，还有面向互联网应用的推荐系统、搜索引擎、广告点击预测等，配套的效果评估机制也有专门的章节进行讲解，读者阅读本书后可以形成较为全面的学习体系。特点之二是本书较好地在算法思想、数学原理、应用案例之间找到了平衡点。每个章节作者都由浅入深地讲解了算法的思想，并通过列举一些非常生动的案例来让读者更好地理解算法的原理。例如，列举的 Iris 数据集结构的抽取、在线电影推荐系统、金融欺诈检测、广告点击预测等实践案例的讲解都非常清晰易懂。书中对数学公式的使用点到为止，力求简洁。这样既不像很多教科书那样堆砌数学公式，让很多读者望而生畏，又不像很多书籍那样只是罗列程序代码而不讲解背后的算法思想。这和作者既有工程实践经验，又有学术研究背景密不可分的。

与通常的再版书籍只是做些局部修订不同，本书第2版对第1版图书的内容进行了全面彻底的升级改写，全书有超过80%的篇幅与第1版不同，可以说是脱胎换骨的变化。这些变化具体体现在以下三个方面：首先，增加了近年来数据挖掘领域最新的一些研究成果，例如当下炙手可热的深度学习等，同时删减了一些较为陈旧的内容；其次，调整了全书的组织结构，章节的划分更为合理，每章内容更加丰富，列举的案例也更贴近实战。第三，全书的示例代码不再使用第1版的小众开发语言BeanShell，而是改为机器学习界更为常用的Python，并配合机器学习界知名的开源软件包scikit-learn，让本书的代码阅读起来更友好，也大大增强了示例代码的实用性。

本书由于篇幅所限，虽然涉及的面很宽广，但是每个章节的内容都没有进一步深入展开。我在翻译过程中，觉得本书有些内容讲得略偏浅显，在所提及的领域都属于入门级的深度，读起来有些意犹未尽。事实上如果深究起来，本书每个章节的内容都足够扩充成一本独立的书籍。好在本书作者提供了很多参考资料，并在相应章节的脚注里细心地进行了标识，对更深入的内容感兴趣的读者，不妨按图索骥，下载相应的论文和著作来一窥究竟。

本书的翻译工作，要深深感谢电子工业出版社的张春雨、刘舫和编辑朋友们给予的大力帮助和耐心指点。同时要感谢我所在的公司——达观数据的各位亲密战友，依靠大家分工协作、共同努力，才顺利完成了全书各个章节的翻译工作，这些同事是于敬、文辉、纪达麒、纪传俊、江永青、冯仁杰、桂洪冠、高翔、王文广、张健、范雄雄、蹇智华、孟礼斌。团结才有力量，大家共同的辛勤工作和智慧结晶，让本书翻译工作顺利完成。

限于译者水平所限，在理解和翻译本书的过程中，一些知识的专递未必到位，所使用的语言也未免生涩，我们力求做到"信、达、雅"，一些不好把握的字句也反复查阅过资料，希望能较为忠实地还原作者的意图，让广大读者能享受通畅的阅读体验。如有疏漏之处，希望读者朋友阅读时多多包涵，并不吝提出各种意见和建议。

人工智能和机器学习技术正在得到越来越多的人的关注，并正在发挥着越来越大的价值。身为其中的一员，我非常荣幸自己能够生于这一历史上最火热的发展时代里，我创办的达观数据，也正在运用本书里所介绍的各种技术，来帮助中国的企业更好地挖掘数据背后的规律，自动完成很多原本需要大量人力才能实现的功能。创业维艰，本书的很多翻译和校对工作是在出差途中和深夜完成的，感谢家人对我的理解和关怀。期望达观数据的技术服务能让很多企业提升运行效率、降低成本，从原先的粗放型增长转变为技术驱动型的精细化增长。

眼下全球技术竞争愈演愈烈，数据作为人工智能时代的原油，对其进行提炼和挖掘的技术至关重要。我希望包括本书在内的一系列国外优秀书籍被翻译引入后，能够帮助中国的技术人才、工程师、学生乃至企业管理者拓展视野、启发思维，把握业界的技术发展脉搏，成为大数据时代浪尖的弄潮儿。

陈运文

达观数据创始人兼 CEO

译者简介

陈运文，计算机博士，达观数据 CEO，ACM 和 IEEE 会员，中国计算机学会高级会员；在大数据架构设计、搜索和推荐引擎、文本数据挖掘等领域有丰富的研发经验；曾经担任盛大文学首席数据官、腾讯文学数据中心高级总监、百度核心算法工程师等工作，申请有 30 余项国家发明专利，多次参加国际 ACM 数据算法竞赛并获得冠亚军荣誉。

序言

万维网（World Wide Web）是互联网信息社会里的最根本的基础设施，数以亿计的人们把它作为主要的交互联系工具。互联网上信息服务的发展也带动了工业的进步。今天，随着云计算和无线通信技术的成熟，Web 不仅成为人们发布和获取信息的平台，而且成为为数亿人随时随地提供信息服务开发、部署和应用的平台。大数据为构建多样性的服务提供了丰富的内容，也为智能化的服务创造了价值，让 Web 上服务的用户体验逐步提升。智能服务的 Web 正在改变人们的日常生活：它帮助我们寻找合适的酒店、安排完美的假期旅行，让我们购买到几乎任何商品，以及建立起丰富多彩的社群，而这些智能来自对 Web 内容和用户间交互所产生的数据的深度分析。因此建立 Web 智能是当今数据科学发展领域里的核心技术。

非常荣幸能由我来为大家介绍这本精彩的《智能 Web 算法（第 2 版）》，本书由一位年轻但经验丰富的数据科学家 Douglas McIlwraith 博士修订，目的是为大家揭示智能 Web 应用的精髓：实现智能所依赖的各种算法。这是一个宏伟的目标，但是 Doug 博士用朴实无华的语言，在不到 250 页的篇幅里成功将丰富的知识通俗易懂地呈现了出来。

本书涵盖了丰富的应用场景和常见的流行算法，并通过严谨的数学推导和简洁的 Python 代码对这些算法进行了清晰的介绍。我非常顺畅地通读了本书，也希望能与你一起分享阅读的乐趣。更为重要的是，我希望当你阅读完本书后，发现自己可以用学会的很多知识和技能，打造出更智能的 Web！

Yike Guo

教授 & 总监

数据科学研究所

伦敦帝国理工

前言

非常荣幸我们能投身于当今时代最令人激动的一个技术领域。在短短数十年间，稚嫩的互联网就蓬勃发展成如今连接全世界的万维网，让每个身在其中的人随时随地进行通信交流，让大家拥有了瞬间就能得到几乎任何问题答案的能力。

智能算法的研发充分运用了信息的价值，在塑造我们新的生活方式上扮演了重要角色。反过来我们也越来越依赖智能算法来引领我们线上和线下的生活，这也促使我们将更宽的视野和更多的数据用于算法的训练和测试。若干年前神经网络算法还是被学术界所摈弃的方法，但是如今随着大规模高可用的数据技术的发展，神经网络技术再次大放异彩。

我们刚刚进入一个新纪元，在这里我们能与手机对话，让它预测我们的需求、预订我们的约会、建立我们的通信连接。在不久的将来，我们也许能看到无人驾驶汽车和虚拟现实技术的普及，所有这些应用都牢牢地扎根于计算机科学技术对真实世界问题的回应，智能算法是其中的重要部分，也是本书的核心。

不幸的是，进入机器学习和数据科学的世界看上去令人生畏，这里充满了数学和统计学，你的直觉有时也会误导你！通过修订本书，我们希望介绍第一版面世以来该领域的最新发展，也为新入行的朋友们提供指引。在本书中我们提供了通俗易懂的实例、真实问题的解决方案，以及相应的代码片段。我们尽可能地越过繁复的数学公式来重点阐述技术的核心思想，希望我们对此拿捏得足够好。

在本书中你将看到，我们把内容划分为 8 个章节，每个章节涵盖智能 Web 的一个重要的算法领域。本书最后的附录部分讲解了智能 Web 应用中的数据处理流程，我们希望通过这部分内容，来为实践者展示在系统中将快速变化的数据有效地运转起来是多么重要且困难。

读者服务

轻松注册成为博文视点社区用户（www.broadview.com.cn），扫码直达本书页面。

- 下载资源：本书如提供示例代码及资源文件，均可在下载资源处下载。
- 提交勘误：您对书中内容的修改意见可在提交勘误处提交，若被采纳，将获赠博文视点社区积分（在您购买电子书时，积分可用来抵扣相应金额）。
- 交流互动：在页面下方读者评论处留下您的疑问或观点，与我们和其他读者一同学习交流。

页面入口：http://www.broadview.com.cn/31723

致谢

感谢在本书撰写过程中参与的各位伙伴：编辑 Marjan Bace 以及出版发行团队的所有成员，包括 Janet Vail, Kevin Sullivan, Tiffany Taylor, Dottie Marsico, Linda Recktenwald，以及幕后的很多工作人员。

也感谢参与本书各阶段校对的人员：Nii A-Okine, Tobias Bürger, Marius Butuc, Carlton Gibson, John Guthrie, Pieter Gyselinck, PeterJohn Hampton, Dike Kalu, Seth Liddy, Radha Ranjan Madhav, Kostas Passadis, Peter Rabinovitch, Srdjan Santic, Dennis Sellinger, Dr. Joseph Wang, Michael Williams。感谢你们反复阅读，认真进行校对，你们提供的宝贵意见在本书中得到了充分体现。

本书中引用的很多系统、函数库、程序包并非作者原创，而是来自本领域的众多社区开发者、数据科学家、机器学习专家，在此对以上所有人表示感谢。

回想起最初讨论修订《智能 Web 算法》时的情形，记得我当时心里想"嘿，这本书的第一版已经写得很好了，修订的工作量不会很大吧？"但最后结果是，很大。该领域的变化很快，有太多有趣的工作我想拿来与人分享，因此我不得不仔细地选择哪些该舍弃、哪些该删减、哪些该修订、哪些该增加。因此本书花费了比我预料更多的时间，但我很幸运获得了很多优秀的人们的支持、鼓励和忍耐。

首先也是最重要的，我想感谢我的未婚妻，Elly。你的爱心、忍耐、鼓励，是我生命中永恒的存在。如果没有你，本书是难以完成的。我爱你。

其次，我想感谢我的父母和家人，在我遇到挫折时永远呵护和支持我，希望你们能喜欢本书，你们的养育之恩我永远铭记。

第三，感谢我的众多朋友和同事，和杰出的你们在一起工作是一件非常幸运的事，你们让我每一天都过得很开心，谢谢你们！

我还想感谢我的两位编辑 Jeff Bleiel 和 Jennifer Stout，你们的指导帮助本书最终完成。Jennifer，你的乐观和热情给了我坚持的动力，谢谢你！

Douglas McIlwraith

我想感谢我的父母 Eva 和 Alexander，他们无微不至的关心，让我在夜以继日的写作和研究中，始终保持着好奇心和热情。这是我毕生难忘的恩情。

我衷心感谢我珍爱的妻子 Aurora 和我的三个孩子：Nikos, Lukas 和 Albert——你们是我人生的骄傲和乐趣。我永远感激你们给予的爱心、耐心和理解。孩子们无尽的好奇心不断地激发我学习的灵感。非常感谢我的岳父母 Cuchi 和 Jose，我的姐妹 Maria 和 Katerina，以及我最好的朋友 Michael 和 Antonio，感谢你们持续的鼓励和无条件的支持。

一定不能遗忘的是感谢 Amilcar Avendaño 博士和 Maria Balerdi 博士给予的众多帮助，让我学会了很多心脏学的知识，并打下了我早期的学习基础。感谢 Leon Cooper 教授以及布朗大学的众多杰出朋友，你们不仅揭示了很多大脑运行的规律，还鼓励我开展智能应用的工作。

鼓励和支持我进行各种智能相关的积极工作的过去和现在的同事：Ajay Bhadari, Kavita Kantkar, Alexander Petrov, Kishore Kirdat，等等，虽然这里只能写下寥寥数语，但是我对你们的感激之情溢于言表。

Haralambos Marmanis

首先也是最重要的，我想感谢我亲爱的妻子 Elena。

我还想谢谢我过去和现在的同事：Konstandin Bobovich, Paul A. Dennis, Keith Lawless 和 Kevin Bedell，你们伴随了我的职业生涯，是我的灵感源泉。

Dmitry Babenko

关于本书

本书为读者提供了设计和创造智能算法的路线指引，本书汲取了计算机科学很多领域的知识，包括机器学习和人工智能，并结合了很多作者的实践和思考。书中融入了不少实际操作技巧，介绍了本领域最新涌现的前沿技术，还提供了若干真实可行的实例，读者可以对其修改后在实践中使用。

本书适用的读者

本书主要针对已掌握了扎实的编程技能和基本数学及统计学知识的智能算法初学者。在本书写作过程中我们尽量淡化数学推导，更多地为你勾勒方法的适用性的整体印象。当然如果你更愿意探究数学内容，我们鼓励你深入推敲细节。本书的读者最好具备基本的编程经验并学习过大学数学课程。

路线图

本书由 8 个章节和 1 个附录构成。

- 第 1 章介绍了智能算法的概况和一些关键特性，也提供了本书其余部分的整体指引。

- 第 2 章讨论了数据内部结构的概念，尤其是介绍了特征空间的概念，在本章中我们详细讲解了期望最大和特征向量。
- 第 3 章介绍了推荐系统。我们介绍了协同过滤技术，并讨论了 Netflix 竞赛。
- 第 4 章概述了分类技术，介绍了逻辑回归，我们使用逻辑回归来解决缺陷检测问题
- 第 5 章通过一个案例讲解了在线广告中的点击预测问题。我们概述了在线广告系统的后台运作机制，并基于一个公开的网页点击数据集，提供了一套可运转的点击预测程序实例。
- 第 6 章是关于深入学习和神经网络的内容。我们对神经网络进行了短小精要的介绍。从神经网络最终的原型到近年来深度网络学习的最新进展都有涉猎。
- 第 7 章概述了如何做出最优的选择。我们讨论了 A/B 测试中统计的重要性，以及将多臂赌博机技术用于在线学习的若干种方法。
- 第 8 章介绍了智能 Web 的前瞻性总结。
- 附录讨论了我们应该如何处理快速变化的事件流和用之来构建智能算法。我们讨论了几种 Web 日志处理的设计模式，提炼了几种需要避免的关键误区。

大部分情况下，这些章节内容独立可以分别阅读，但是第 5 章的案例分析依赖于在第 4 章中介绍的逻辑回归的知识。

资料下载

运行本书中实例时用到的所有代码和数据都可以从出版社的网站上下载到（www.manning.com/books/algorithms-of-the-intelligent-web-second-edition），或者从 GitHub 下载（https://github.com/dougmcilwraith/aiw-second-edition）。唯一例外的是 Criteo Display Challenge 数据集，因为尺寸很大，你需要从 Criteo 的官网直接下载。第 5 章提供了下载方式的说明。

所有代码都已经在 Ubuntu 14.04.2 环境下用 Python 2.7.10 测试过。各种运行依赖在下载包中的需求文件中可以找到。在文件中也可以找到确保本书中代码样例兼容性的运行环境的说明书。

编码规范

本书提供了很多示例，以清单形式展示的源代码和文本中的代码都用等宽字体来和普通文本区分开来。我们在部分区域增加了换行符或调整缩进符，以让书页容纳下较长的代码。在代码过长的情况下我们甚至使用了行连接符（➡）。另外，当源代码在文章中已有介绍的时候，我们会把代码中的注释去掉。在代码清单中有时伴随一些注释说明来突出显示重要的概念。

数学规范

文章中会使用很多数学公式来辅助说明代码和概念。全书中我们都遵循了标准的公式标记规范[译注1]，矩阵采用正体加粗大写字母表示，例如 $\mathbf{M}$；正体加粗小写字母表示向量，如 $\mathbf{v}$；标量则用斜体小写字母表示，例如 λ。

关于作者

Douglas McIlwraith 博士在剑桥大学计算机科学系获得了学士学位，而后在帝国理工大学获得了博士学位。他是一位机器学习专家，目前他在位于伦敦的一家广告网络公司担任数据科学家职位。他在分布式系统、普适计算、通用感知、机器人以及安全监控方面都贡献了研究成果，他为让技术更好地服务人们的生活而无比激动。

Haralambos Marmanis 博士是将机器学习技术引入工业解决方案的先驱，在专业软件研发方面拥有 25 年经验。

Dmitry Babenko 为银行、保险、供应链管理、商业智能企业等设计和开发了丰富的应用和系统架构。他拥有白俄罗斯国立信息和无线电大学计算机硕士学位。

关于封面图片

本书的封面图片来自一本介绍特色服装的法文书籍 *Encyclopedie des Voyages*，作者是 J. G. St. Saveur，1706 年出版。在当时，旅游还是一件很新鲜的事情，类似该书这样的手册很受欢迎。无论是旅行者还是足不出户的读者，都能从书中了解到

译注1　本书中使用的公式标准与我国国标中的公式标准有所不同，但因本书中涉及的公式较多，故沿用原书中的公式标准。

世界各个地区的风土人情，以及法国和欧洲地区的特色服饰。

    Encyclopedie des Voyages 一书中用丰富的图片生动地展示了 200 年前世界各地别具特色的风情。在那个时代，即使来自相隔不过十来英里远的两个人，也可以通过穿着轻易地被区分出来。不仅如此，在当时通过一个人的服饰就能轻易地判断出这个人的社会地位、行业和种族。同样，在那个年代，人们十分陶醉于异国情调，即使很多人难以亲自去远方旅行。

    在那以后，不同地区之间服饰的差异逐步缩小，以往各地区间丰富的多样性也渐渐消失。如今仅根据服饰已经很难区分来自不同大洲的人。或许乐观来看，我们告别了一个文化和服饰极具特色的世界，换来了多姿多彩的个人生活，或者说得到了更丰富精彩的智能和科技的生活。

    本书封面图片取自两个世纪前的这本服饰书籍，让我们和 Manning 出版社一起，用旅游手册里这幅极具民族部落特色的服饰图片，来赞颂计算机产业的创造力、进取心和无穷的乐趣。

目录

为智能Web建立应用

本章要点

- 在 Web 中识别智能
- 智能算法的类型划分
- 评估智能算法的效果

  智能算法对不同的人来说有着不同的理解方式：有些人认为智能算法意味着能够自主学习 Web 用户的行为并给予相应的反馈，从而将 Web 打造得更为敏捷和好用；另一些人则认为它已经融合进了我们生活的方方面面。对笔者来说，智能 Web 并不像电影《终结者》中未来统治人类的天网计算机系统那样，而是关于如何设计和开发更符合人类自然交互行为的应用，以可量化的方式让我们的在线使用体验变得越来越好。相信本书的所有读者都已经在各种各样的应用场合里享受过机器智能为我们带来的服务。本章将首先列举一些精彩的示例，为后续大家的深入理解做好铺垫，帮助读者更好地了解当我们在和智能应用进行交互的过程中，究竟产生了哪些操作。

  需要指出的是，由于本书篇幅所限，内容难以包罗万象，有些内容并未涉及。首先，本书不涉及华丽的视觉交互方法和前端技术，只探讨计算机系统的后端技术。如果对前端交互内容感兴趣，推荐大家阅读 Scott Murray[1]、David McCandless[2]、Edward Tufte[3] 等所著的优秀书籍，篇幅所限这里就不再逐一介绍了。另外，本书也没有对统计学理论知识进行介绍，因此在阅读本书之前，我们建议读者首先应该学习相应的统计学基础知识，这样才能更完整地理解本书所讲授的内容。

尽管我们很希望本书能指导数据科学家更好地完成日常工作，但是书中的内容并未涉及如何才能成为一个优秀的数据科学家。如果你对这些话题感兴趣，我们推荐你阅读 Joel Grus[4]、Foster Provost、Tom Fawcett[5] 的著作。此外，本书也并非一本算法设计教程，为了覆盖更广阔的内容，并启发读者更好地理解算法原理，书中省略了一部分算法细节。我们希望读者把本书各章节的内容看作在相应技术方向上指引前进方向的面包屑，你可以沿着这些线索的指引，加上书中所提供的参考资料，来收获更多的知识。

当阐述算法的处理过程时，本书通常会先提供直观和易于理解的描述，然后举例予以说明，很多示例都采用了开源机器学习库 scikit-learn（http://scikit-learn.org）来编写。书中对部分主题进行了深入的探讨，但是对另一部分主题，则需要读者参照书中提供的参考资料进行额外的深入学习和研究。

那么本书究竟讲解了哪些内容呢？我们解读了智能算法的最新技术理念，介绍了如何采集普通网民的用户行为数据，如何对源源不断的数据进行分析挖掘，并据此来对用户的行为进行预测——预测结果会随着你的行为变化而不断变化。与传统的算法书籍相比，我们对智能 Web 算法的关键内容进行了全方位的展示和介绍。

在本书的附录里，我们还介绍了通过网络进行大规模数据采集和整理的方法。这些内容在传统的大数据算法书籍中通常不会涉及，但我们认为这些知识对智能 Web 来说非常重要。这并不意味着我们会省略传统算法书籍的部分内容，恰恰相反，本书中有关智能 Web 算法的内容非常丰富，业界所使用的重要或常用的算法书中均有涉及。我们尽可能提供了广泛的参考资料，以便于读者通过实践来检验你对这些系统运行状况的知识——这些知识一定会让你的朋友们印象深刻的！

---

[1]　Scott Murray, *Interactive Data Visualization for the Web* (O'Reilly, 2013).

[2]　David McCandless, *Information Is Beautiful* (HarperCollins, 2010).

[3]　Edward Tufte, *The Visual Display of Quantitative Information* (Graphics Press USA, 2001).

[4]　Joel Grus, *Data Science From Scratch: First Principles with Python* (O'Reilly, 2015).

[5]　Foster Provost and Tom Fawcett, *Data Science for Business* (O'Reilly Media, 2013).

在本章后续内容中，我们将通过一些实例来为读者阐述智能算法的处理过程，让大家对智能算法的应用迅速留下直观的印象。此外，我们还会谈论哪些功能是现有的智能算法暂时无法企及的。本章末尾部分会介绍一些常用的智能算法效果评估方法，以及其他一些有用的相关知识。

那么大家也许会问："究竟什么才能被称为智能算法呢？"本书中将所有能够依据用户数据来自动调整行为的算法都称为智能算法。传统算法往往只是遵循固定的几条规则，但智能算法在与用户进行交互的过程中，却能自动根据用户行为数据进行自主调整，让用户感觉到系统有智能存在。图 1.1 概括了这整个过程，从图中可以看出，智能算法不再仅仅局限于分析传入的事件信息，而且还会从环境中采集数据、集成进行分析、自动调整系统，并给出不同的决策结果。

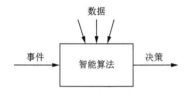

图 1.1 智能算法的整体概览。系统能够根据接收到的数据调整决策结果，所以这些算法具备了智能。

1.1 智能算法的实践运用：Google Now

接下来我们将通过解析 Google Now 的处理过程来展示智能算法的处理过程，由于 Google 内部算法的细节尚未公开，我们将根据行业通行的经验来进行剖析。

使用安卓设备的用户可以很方便地接触到 Google Now 这款产品，而对使用 iOS 设备的用户来说，Siri 和 Google Now 的功能很类似。正如其品牌口号声称的那样"在恰当的时机给你恰当的信息"，Google Now 通过整合并处理各种来源的信息，为用户提供他们所关心的信息，如附近的酒店、活动、交通堵塞等信息。为了展示智能算法的价值，让我们来看一个更具体的例子。当你要出门时，如果 Google Now 发现你日常上班途经的道路正在发生交通大堵塞，那么系统将能够自动提示你，这太棒了！那么这背后实现的原理是什么呢？

首先，让我们仔细观察一下，在这个过程中究竟发生了什么：Google Now 会定期采集用户的卫星定位 GPS 数据和无线网络信息来确定用户每时每刻的位置。如同

图 1.1 所展示的那样依据数据进行算法调整，Google Now 将根据这些位置数据来确定用户的家庭和工作地点，并提前将一些先验知识挖掘出来，在挖掘过程中可能会用到的一些规则包括：

- 夜晚停留时间最久的很可能是家庭地点。
- 工作日白天停留时间最久的很可能是工作地点。
- 通常人们会每日往返于工作和家庭地点间。

以上示例未必十分恰当，但充分展示了本书的观点——通过分析数据和建立模型，结合社会生活中存在的家庭和工作等概念，我们可以很有把握地推断出用户可能的地址和交通路线。这里之所以说可能的，是因为对信息进行分析后，很多模型会以概率或者似然度的形式将结论计算出来。

当用户通过 Google 来购买一部新手机或者注册一个新账号的时候，Google Now 就要完成一些数据运算，以生成上述结论。类似的，如果用户找了新的工作或者更换了住址，Google Now 也会通过数据挖掘来重新计算相关的地点。算法模型能以多快的速度来响应这些信息的变化，依赖于一个称为学习速率（learning rate）的概念。

如果将智能算法用于在旅行线路规划的过程中显示相关联的信息（基于事件的决策），我们会发现所掌握的信息还是不够多。当用户离开一个地点奔向下一个地点的时候，解开谜团最后的线索出现了。类似前面提到的例子，我们可以通过离开的时间来进行数据建模，推测用户行为的变化模式。在将来的某一天，我们将会有充分的能力来预测每个用户在哪里和将去向何方。假设这个预测能力达到了实用水平，Google Now 将能够提前预测交通路况并为用户提供参考意见。

虽然 Google Now 的系统非常复杂，也有专门技术团队在负责，但是从整体框架上看，我们能帮你梳理出它的智能算法处理过程：通过挖掘用户的行动轨迹数据来理解路线信息，然后基于用户当前的位置来给予个性化的响应（辅助决策）。图 1.2 显示了这个处理流程。

需要指出的一件有趣的事情是，Google Now 很有可能在后台利用了 Google 的整套智能算法系统。算法通过文本检索技术来扫描用户的 Google Calendar 日程信息，尝试理解用户的行程安排，与此同时，后台的用户兴趣模型会根据网页搜索的相关结果，来尝试猜测哪些新信息会激发用户的关注。

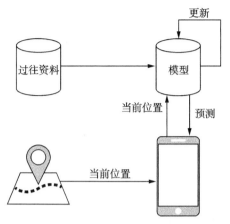

图 1.2 Google Now 项目某种角度的整体概览图。为了预测你未来所处的位置,Google Now 会运用模型来分析你过往的位置资料以及当前的位置信息。从过往的位置中提炼出先验的信息对系统很有帮助。

作为智能算法领域的从业者,你应该充分利用在这个领域所积累的经验去解决各种复杂的需求,从现有的种类丰富的智能算法库中,仔细挑选合适的方法来解决特定问题。你创造的每个解决方案都应该有着坚实的基础—大部分内容都可以在本书中找到。目前我们已经介绍了一些核心概念,本书后续章节将分别对这些算法进行更深入的阐述。

1.2 智能算法的生命周期

在前一节中向读者介绍了智能算法的基础概念,我们可以把它视作一个黑盒子——输入数据、输出对某个事件的决策结果。我们通过 Google Now 项目的示例来进一步进行解释。你也许会好奇智能算法的设计师是怎样创建他们的解决方案的? Ben Fry 在著作 *Computational Information Design*[1] 中提出了通用的智能算法生命周期的概念,对大家设计自己的方案很有启发,如图 1.3 所示。

当设计智能算法时,首先要做的事情是获取数据(本书附录中有具体介绍),然后对数据进行解析和清理,因为数据格式往往并非是你所需要的。接下来你需要理解数据的含义,在这个阶段可以通过数据调研和可视化技术来实现。随后你可以通过更合适的方式来描述数据(第 2 章会有集中介绍)。到此为止,已经为你的模

---

[1] Ben Fry, PhD thesis, *Computational Information Design* (MIT, 2004).

型训练和预测效果评估做好了准备。第 3 至 7 章介绍了你可能会用到的各类常见模型。在每个步骤的输出部分，都可以回转到前面任意某一步，最常见的回转路径在图 1.3 中用虚线进行了展示。

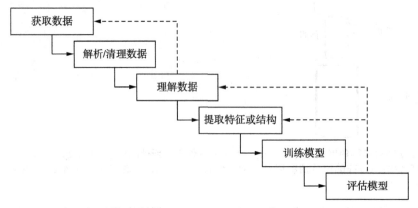

图 1.3　智能算法的生命周期模型。

1.3　智能算法的更多示例

让我们再对过去数十年中智能算法的应用示例做一下回顾。搜索引擎的问世是 Web 发展史上一个重要的历史转折点，但是直到 1998 年，搜索的超链分析技术出现后，Web 的价值才被充分体现出来。从此以后在不到 20 年的时间内，Google 诞生并迅速得到发展，早期通过超链分析搜索技术，再到后来在移动服务和云计算领域研发出众多创新技术，Google 从初创公司成长为科技时代的领军企业。

尽管如此，在搜索引擎之外，智能 Web 应用领域还有很多其他成功的应用。亚马逊（Amazon）最初是一家基于用户购买行为进行个性化推荐服务的电商网站，你也许对这个功能很熟悉。假设你挑选了一本 JavaServer 和一本 Python 的书籍，当你将书放入购物车的那一刻，亚马逊会为你推荐和你刚购买的书籍类似的其他商品，例如 AJAX 或 Ruby on Rails 的书。而且当你下次再访问亚马逊网站的时候，其他类似的商品也会被推荐给你。另一个经典的智能 Web 应用出自 Netflix，它是世界最大的在线视频播放网站，为超过 5300 万的订阅用户提供不断变化的海量的在线播放电影和电视片库。

Netflix 在线服务的成功，很大一部分原因归结于它扩展了电影的服务内容，能为用户提供更方便易用的电影选择功能。这其中最核心的能力是被称为 Cinematch

的推荐系统，这个系统的任务是根据用户之前对其他电影的喜爱或讨厌的程度，来自动预测用户接下来喜欢观看的电影，这同样也是一个智能 Web 应用的绝佳的应用实例。Cinematch 系统的预测能力对于 Netflix 来说是如此重要，以至于在 2006 年 10 月，公司公开悬赏 100 万美元奖金举办了推荐算法竞赛，以寻求对该系统能力的改进方案。到 2009 年 9 月，这个 100 万美元的竞赛奖金被授予了冠军队伍 BellKor's Pragmatic Chaos。在本书第 3 章中，我们将对如何建立起类似 Cinematch 的推荐系统进行介绍，并对获胜队伍的方法进行整体解读。

通过采集用户行为数据来进行智能预测的功能，并不仅限于书籍或者电影的推荐系统。通过采集用户对股票发展趋势的意见，PredictWallStreet 公司能够跟踪证券交易员的意见并预测那些有潜在投资价值的股票。我们这里探讨的本意并不是鼓励你拿出全部的储蓄来通过该公司的预测系统进行股票投资，而是向你介绍另一个在现实世界里使用智能技术进行创新应用的成功范例。

1.4　不属于智能应用的内容

领略了这么多在 Web 上实现的智能算法，也许你会觉得，只要有充足的工程研发资源，我们就能把脑海中所想到的任何过程自动化实现出来。但是千万别被其广泛流行蒙蔽了，这种想法是错误的。

> 任何超前先进的技术都和魔术没什么区别。

——Arthur C. Clarke

正如你在 Google Now 中所看到的那样，理想的系统往往倾向于考虑更大的应用和使用更强的智能，但是现实的选择通常是把有限种类的学习算法集成起来，提供一个尽管功能有限但实际可用的解决方案。先别下结论说这是由问题的复杂性所导致的，而是先问问自己"在我要解决的问题中，哪些方面是可以被系统学习和建模的？"只有这样才能从现有的智能算法中构建出解决方案。在接下来的小节里，我们将谈论有关智能算法的一些常见的误区。

1.4.1　智能算法并不是万能的思考机器

本章开始时我们就提到过，本书并非讲解如何开发出一个有情感的智慧生物，而是介绍如何开发一个能对所采集的数据完成特定处理的算法系统。根据我们的经验，如果我们把业务目标定为彻底实现人工智能的话，那是注定会失败的！相反，从一个很小的问题入手，建立方法并逐步去完善，最终才会成功地完成这个目标。

1.4.2　智能算法并不能成为完全代替人类的工具

通过挖掘相关的数据，智能算法能够强有力地对给予的概念进行学习和理解，但对于超出原始程序经验的概念，算法缺乏足够的扩展学习的能力。因此为了达到理想的效果，我们需要对智能算法或解决方案细心地进行创建并加以组合。

与之相反，人类是一种极强的万能的学习机器！人类能够很容易地理解新的概念，可以将一个领域里积累的经验扩展到另一个领域去应用。人类还有多种多样的自驱力，并且可以看作能运用不同语言进行编程的系统。那种认为通过编写代码就可以轻松代替很多看上去很简单的人类思考过程的观点是十分错误的。

在商业活动中，很多人类的处理过程粗看上去非常简单，但是这种看法往往是因为我们对整个处理过程的全貌缺乏了解。通过进一步调查分析往往能够发掘出其中相当程度上隐含着的经由不同渠道交流的过程，尤其还可能隐含着竞争因素。除非我们能把处理流程简单化和规范化，否则智能算法很难对某些领域的应用完全适配。

让我们用组装汽车的自动化生产工厂来做一个简单但形象的类比吧。与早年由亨利·福特所发明的汽车流水线不同，如今人类已经能够依赖机器人技术来实现一个高度自动化的汽车组装流水线。当年亨利·福特曾幻想过未来的自动化流水线是通过有人类思维能力的机器人来代替流水线上的工人进行作业，只是当时并未实现。如今我们通过将组装步骤分解和规范以后，让机器自动化执行这些充分定义好的分解任务。因此，如果我们把认知过程重新设计和规范化，理论上讲我们也能够把人类学习认知的过程自动化。

1.4.3　智能算法的发展并非一蹴而就

最优秀的智能算法通常采用简单化和抽象化的机制，尽管表面看上去它们都很复杂。这是因为，在使用过程中系统会不断学习和自动进行变换，但是算法内部的机制原理往往是简单的。相反，糟糕的算法往往是很多随意的规则的层层堆砌，再糅合很多孤立的用户案例的处理逻辑。或者说，我们应该首先从能想到的最简单的模型开始入手，然后逐步把其他额外的智能特征引入到方法中去。KISS 原则（Keep

It Simple，Stupid！让一切保持简单和愚蠢！）是你的好伙伴，是软件工程里亘古不变的宗旨。

1.5 智能算法的类别体系

回顾我们之前用智能算法这个词来描述任意能够运用数据来自动调整行为的算法，本书中我们会使用这个非常宽泛的词汇来描绘各种类型的智慧和学习。如果进一步阅读本书，你将会发现有多个概念互相交叠的词汇：机器学习（Machine Learning，简称 ML）、预测分析（Predictive Analytics，简称 PA）和人工智能（Artificial Intelligence，简称 AI）。图 1.4 展示了这几个概念之间的关系。

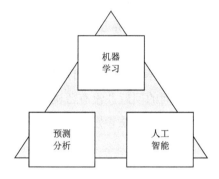

图 1.4 智能算法的分类体系。

尽管这些词汇都和使用数据来自动改变行为的算法相关，但是它们所强调的侧重点各有不同。在接下来的小节中，我们将分别介绍这三个概念，然后再分享一些宝贵的知识来介绍它们之间的联系。

1.5.1 人工智能

人工智能的英文是 Artificial Intelligence，常被简称为 AI，这个概念发源自 1950 年左右的计算机领域。最初 AI 的发展目标非常宏伟，研究者试图打造出能够像人类一样思考的机器。[1]然而经历了许多年的发展后，全面的智能化始终难以得到有效突破，因此 AI 的发展目标逐渐变得更加实际和聚焦。时至今日，人们对 AI 的定义也演变出了很多变种。例如，Stuart Russell 和 Peter Norvig 将 AI 解释为"研究感知

---

[1] Herbert Simon, *The Shape of Automation for Men and Management* (Harper & Row, 1965).

周围环境并产生相应行为的系统",[1] 而 John McCarthy 则说 "AI 是制造智能机器,尤其是智能计算机程序的科学和技术",[2] 他尤其强调 "智能是我们达成目标时所需能力中的计算的那部分"。

在大多数讨论中,AI 都围绕着如何通过计算机软硬件来为实现某个特定的目标而做出一系列的判断和选择的过程。具体的研究通常都会围绕着解决特定的难题而展开(例如,下围棋[3]、象棋[4],或者参加智力问答节目 "Show Jeopardy!"[5]),在这些有明确约束的场景下,人工智能的效果往往的确是十分出色的。例如 IBM 的深蓝机器人(Deep Blue)在 1997 年成功击败了国际象棋世界冠军卡斯帕罗夫,2011 年 IBM 的沃森机器人(Watson)在美国电视问答节目 "Show Jeopardy!" 上赢得了冠军奖金 100 万美元。但很不幸的是,至今仍然没有任何算法能通过艾伦·图灵(Alan Turing)的模仿游戏[6](通常也被称为 "图灵测试"),这个测试是业界公认的衡量智能的标准。图灵测试是通过问答交互过程(不包括图像或语音,只通过文字形式的回答),来判断假扮为人类的计算机程序是否能够让测试参与者难以识别出是真人还是计算机程序。要通过图灵测试非常困难,因为参与者所问的问题并没有范围限制,因此计算机需要掌握极为广泛的各类知识才能让参与者测试者无法识别。

1.5.2　机器学习

机器学习(Machine Learning,简称 ML)是指通过软件系统总结历史经验,以生成特定功能的系统。过往采集的历史数据以及新出现的数据对帮助机器学习系统为特定的问题来寻找答案起到非常重要的作用。一些机器学习方法通过学习和推演出可被人类理解的模型来解决问题,例如决策树(decision trees)就是一种可解释的机器学习模型。更宽泛地讲,基于规则的学习方法都是可解释的模型;而另一些

---

[1]　Stuart Russell and Peter Norvig, *Artificial Intelligence: A Modern Approach* (Prentice Hall, 1994).

[2]　John McCarthy, "What Is Artificial Intelligence?" (Stanford University, 2007), http://www-formal.stanford.edu/jmc/whatisai.

[3]　Bruno Bouzy and Tristan Cazenave, "Computer Go: An AI Oriented Survey," *Artificial Intelligence* (Elsevier)132, no. 1 (2001): 39–103.

[4]　Murray Campbell, A. J. Hoane, and Feng-hsiung Hsu, "Deep Blue," *Artificial Intelligence* (Elsevier) 134, no. 1(2002): 57–83.

[5]　D. Ferrucci et al., "Building Watson: An Overview of the DeepQA Project," *AI Magazine* 31, no. 3 (2010).

[6]　Alan Turing, "Computing Machinery and Intelligence," *Mind* 59, no. 236 (1950): 433–60.

算法对人类来说就不太直观了，例如人工神经网络（neural networks）和支持向量机（Support Vector Machines，简称 SVM）等方法。

　　你也许会觉得机器学习的概念和范畴，与人工智能有很大不同，因为人工智能看上去像是通过智慧设备去分析世界和达成目标（类似人类环境中的高级行为），而机器学习则更专注于学习和归纳总结（类似人类基础和内在的能力）。举例来说，机器学习处理问题时会用到自动分类（自动判断给定数据的类别）、聚类（自动将相似的数据聚合到一起），以及回归（自动根据已有的数据分布来预测另一些数据的走势）。

　　整体上看，机器学习大量运用训练数据（training data）来生成模型（model），模型会对数据间隐含的关系进行充分挖掘，并以此来对未知的新数据形成预测（predict）。图 1.5 展示了其中的关系：图中数据包含三个特征（feature），标记为 A、B、C，特征是构成数据的要素。如果我们需要处理的分类任务是区分男性和女性，那么我们可以把身高、体重、鞋码等作为此时的特征。

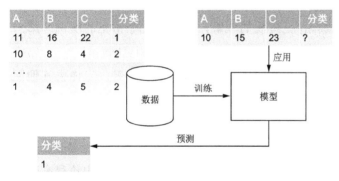

图 1.5　机器学习的数据流。数据先被用于模型的训练，然后将训练好的模型应用于先前未知的数据。虽然图中只展示了分类的过程，但是聚类或回归的过程也是类似的。

　　在训练数据集中，特征和类别的对应关系是已知的，生成模型的过程就是将这些对应关系提炼并封装在模型中。一旦训练完成，模型就可以用于对未知类别的新数据进行自动分类了。

1.5.3　预测分析

　　预测分析（Predictive Analytics，简称 PA）并不像 AI 或者 ML 那样在学术文章中被大量提及，但是伴随着大数据技术的发展和成熟，预测分析越来越成为实现数据价值的重要议题。在本书中我们对牛津英语词典中的 analytics（分析）一词进行了扩展，定义如下。

　　　　预测分析：对数据进行运算或统计分析并产生出具有预测功能的系统。

　　你也许会问，"这和机器学习有区别吗？因为机器学习也与预测有关"，这是个好问题！整体上看，机器学习技术专注于理解和挖掘数据集合中潜在的数据结构和关系，而预测分析更多地关注评分、评级等问题，以及对未来数据和趋势的判断，预测分析常被用于商业应用。虽然这些概念间的对比有些模糊，不同智能计算的概念间存在很多交叠，相互间也并没有严格的定义划分，但我们的目的是帮助读者更好地了解这些概念间不同的侧重点。

　　补充几句也许听上去容易让人混淆的话：分析师往往并不能开发出预测分析系统，而是交给软件工程师和数据科学家来开发这些系统。基于给定的信息，预测分析系统能够生成模型并迅速高效地完成预测动作。预测分析中经常会用到机器学习和人工智能的一些方法。

预测分析实例

　　为了让读者对预测分析概念有更直观的理解，我们举几个常见的实例。第一个例子是在线广告系统。机敏的网民也许会注意到：当自己浏览网站时，广告常常如影随形。例如，如果你刚在耐克在线商店里浏览过一双运动鞋，当你去其他网站时，会发现网页周围此时会出现很多运动鞋的广告。这就是业界称作重定向广告（retargeting）的例子。每当一个网页进行广告加载的时候，来自广告的不同参与方要进行千百次的决策来挑选出应该展示的广告，这是在被称为广告交易平台（ad exchange）的系统上进行的。参与广告的所有竞购方需要实时出价，出价最高者获得该次广告展示的权利。这个过程需要在极短的几十毫秒内完成，因此智能算法必须要能够迅速预测该用户对某广告展示所产生的价值和相应的最优出价，预测分析系统基于该用户过往的行为做出最优的判断。在本书第 5 章中我们将对这个案例进行深入解读，并展示多种不同的在线广告解决方案。

　　我们举的第二个例子是消费信贷（consumer credit）。每当我们试图通过信用卡、移动电话、商店购物卡或者抵押资产进行消费时，销售商都面临着信用违约的风险（同时也有收益）。为了做出平衡，销售商期望能够给最守信的客户提供服务，同时拒绝那些有违约风险的客户。现实中有经验的消费信贷系统往往通过收费来为销售商提供信用方面的评估和打分，预测分析在其中发挥了重要作用。根据用户的大量历史行为来生成信贷得分，分数高低和风险相关，分数越高则越值得信任，越低则违约风险越大。留意一下这里的预测，它只是提供统计概率上的参考，因为有很高信用分数的客户说不定也会违约（尽管从概率上看比低信用分数的用户要小很多）。

1.6 评估智能算法的效果

到目前为止，我们讨论了智能算法的几个大类并提供了一些直观的例子。但是在实践中该如何评估智能算法的效果呢？这是一个非常重要的话题，原因是：首先，如果没有一个明确客观的评估体系，就无法对效果进行持续跟踪，也不可能指导效果的进一步优化。其次，如果不能对效果进行量化评估，就无法验证收益。从商业的角度来看，经营者和工程师总是要测算投入和产出，因此只有能够进行量化评估的效果时才能确保系统可以被持续地投入使用。

现在让我们回头来审视一下各种智能算法的量化评估方法。尽管本节中我们将涉及评估方法，但是在这里更多的是讨论评估预测（针对机器学习和预测分析）的方法。评估系统本身就是一个非常大的话题，能够写一整本书，如果读者想进行深入了解，可以查阅 Linda Gottfredson[1]、James Flynn[2] 和 Alan Turing[3] 等人的著作。

1.6.1 评估智能化的程度

在本章稍早的内容里我们提到过图灵测试，但是现实中还需要考查在具体应用领域里的评估方法。例如，智能系统可以下象棋或者参加 Jeopardy! 的问答秀节目，虽然这些系统并不能全面地模仿人类行为，但是在这些具体应用上能展现出非常强大的能力。Sandeep Rajani 将人工智能的应用能力[4] 分为四个层次：

- 巅峰级——已经实现了无法超越的最优能力。
- 超越人类级——比所有人类的能力都要强。
- 强人类级——比大多数人类的能力要强。

[1] Linda S. Gottfredson, "Mainstream Science on Intelligence: An Editorial with 52 Signatories, History, and Bibliography," *Wall Street Journal*, December 13, 1994.

[2] James R. Flynn, *What Is Intelligence? Beyond the Flynn Effect* (Cambridge University Press, 2009).

[3] Alan Turing, "Computing Machinery and Intelligence."

[4] Sandeep Rajani, "Artificial Intelligence - Man or Machine," *International Journal of Information Technology and Knowledge Management* 4, no. 1 (2011): 173–76.

- 弱人类级——比大多数人类的能力要弱。

举例来说，当今的人工智能系统在 Tic-Tac-Toe（一种简单的井字棋游戏）上已经是"巅峰级"，在下国际象棋方面达到了"超越人类级"，而在人类语言翻译方面则还是"弱人类级"。

1.6.2　评估预测

本小节的主要内容并不是开发人工智能系统，而是将更多地讨论机器学习和预测分析方面的评估方法，这两类技术的目标集中在基于数据和特征间的关系来对目标（或者类别）进行预测。因此，对预测效果的统计分析方法就是我们的集中关注点。

表 1.1 展示了一个简单的数据集，接下来我们将用它来演示预测效果的评估方法。在这个数据集里，我们用字母 A、B 等来表示特征，相应的真实值和预测值（均为布尔类型 True/False）也在表中逐一列出了。假设我们用一部分数据作为测试集合来生成预测模型的结果，相对应真实值我们要对结果进行评估。

表 1.1　用于展示智能算法评估方法的一个样本数据集

A	B	...	Ground truth	Prediction
10	4	...	True	False
20	7	...	True	True
5	6	...	False	False
1	2	...	False	True

我们可以很明显地找到一些简便的方法来评估这个预测 / 分类的准确率。首先可以使用的是真阳性率（True Positive Rate，TPR），计算方法是用识别正确的阳性（True/Positive）样本数量，除以数据集中所有阳性样本的总数，有时我们也称其为敏感度（sensitivity）或者召回率（recall）。注意，这个数值只评价了一个方面的效果，如果有一个分类器永远返回阳性结果，那么无论数据怎么分布，召回率始终是最优的。因此我们需要引入另一个方面的评价方法，称为特异度（specificity）或真阴性率（True Negative Rate，TNR），计算方法为用识别正确的阴性（False/Negative）样本的数量除以数据集中所有阴性样本的总数。分类器在最优情况下可以达到的 TPR 和 TNR 均为 100%。

不幸的是，绝大部分分类器都难以达到最优情况，因此我们需要对错误程度进行量化评价。假阳性率（False Positive Tate，FPR）是用 1 减去真阴性率（TNR），而假阴性率（False Negative Rate，FNR）是用 1 减去 TPR，这两个数值有时也被称为 I 类（type I）和 II 类（type II）错误。表 1.2 对这几个数值的关系进行了小结。

表 1.2　评估智能算法时所使用的评价指标

评价指标	计算方法
真阳性率（TPR）	预测为真的阳性样本数量 / 真阳性样本的总数
真阴性率（TNR）	预测为真的阴性样本数量 / 真阴性样本的总数
假阳性率（FPR）	1- 真阴性率
假阴性率（FNR）	1- 真阳性率

我们把表 1.2 中所示的评估方法用到表 1.1 的数据集上来做个实验，可以算出此时 TPR 和 TNR 都等于 1/2，根据定义，此时 FPR 和 FNR 也同样等于 1/2。

假设我们的算法有一套内在的机制来自动调节效果，可以通过调节阈值来改变算法的敏感度。当我们把敏感度降为 0 时，将得到 TNR=1 和 TPR=0。相反，如果我们把敏感度的阈值提升，则算法将得到 TNR=0 和 TPR=1。显然，无论上述哪种情况都不是我们期望的结果，理想情况是所有的正负样本都获得了正确的分类，此时 TNR=1 和 TPR=1，我们可以通过图 1.6 来查看这两类指标在阈值变化情况下的分布变化情况。

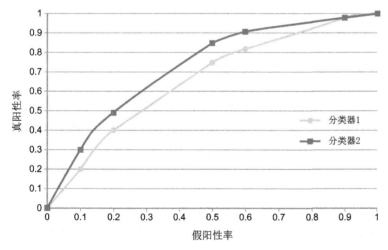

图 1.6　两个分类器的 ROC 曲线图。当调整算法参数时，可以看到算法在数据集上的表现有变化。曲线越向左上侧倾斜，表示分类器的效果越理想，因为理想情况下，TPR=1 且 TNR=1（因为 TNR=1-FPR）。

图 1.6 中所示的两个分类器的效果曲线常被称为 ROC 曲线（Receiver Operating

Characteristic），曲线显示了当我们调整分类算法的敏感度参数时，TPR 和 FPR 的变化轨迹。理想的分类器应该达到 TPR=1 和 TNR=1（FPR=0），也就是曲线越靠近顶部左侧，表示效果越好，因为此时我们把正负样本划分得更准确，因此在本图中分类器 2 明显要比分类器 1 效果好。另一种衡量方法是计算 ROC 曲线下部区域的面积，又称为 AUC（Area Under the Curve），面积越大表示模型的效果越好。

讲完这些你是不是都明白了？但实践中的评估方法可能比这里介绍的更复杂。例如当系统用于征信评分时，虽然给出了信用评分，但有时很难继续追溯用户后续的行为，因为我们往往难以获得最直接的反馈，而不得不通过一些和目标相关的变量信息来佐证。尽管 ROC 曲线在很多情况下能够被运用，但在真正使用时还有很多障碍需要跨越。

1.7　智能算法的重点归纳

到目前为止，你应该对智能算法从整体上有了全面的认识和了解，也领会了运用方法，现在你应该很渴望对更深入的细节进行学习。本书不会让你失望的，在接下来的章节里，我们将提供翔实的分析和实用的源代码。但在进入令人激动的智能应用介绍之前，请让我们先来了解一些重要的注意点，它们很多来自于 Pedro Domingos 的通俗易读而又精彩的论文，[1] 论文里归纳的这些重点对带领你通读本书以及在智能算法领域的未来发展大有裨益。

1.7.1　你的数据未必可靠

有各种各样的原因导致你的数据是不可靠的，所以当你将数据用于解决问题前，必须经常注意检查数据是否值得信赖。如果基于糟糕的数据来挖掘，无论多么聪明的人也只会获得糟糕的结果。下面列举了一些常见的可能会导致数据可靠性问题的因素：

- 你用于开发的数据往往和实际情况下的数据分布不同。例如，也许你想把用户按照身高划分为"高"、"中等"、"矮"三档，但如果系统开发时使用的数据集里最低用户的身高是 6 英尺（184cm），那么很有可能你开发出来的系统

---

[1] Pedro Domingos, "A Few Useful Things to Know About Machine Learning," *Communications of the ACM* 55, no. 10 (2012): 78–87.

里会把一个"仅有 6 英尺"的用户称为"矮"用户。

- 你的数据集中存在很多缺失数据。事实上,除非是人为构造的数据集合,否则很难避免缺失数据问题的发生,如何处理数据缺失的问题是很有技巧的事情。实践中,我们要么干脆丢弃一部分残缺的数据,要么想办法计算一些数值去填补这些缺失值。无论哪种方法都可能导致应用结果的不稳定。
- 你的数据可能随时在变化。数据库的表结构可能会变,数据定义也可能会变。
- 你的数据可能没有被归一化。假设你可能在观察一组用户的体重,为了能够获得有效的结论,首先需要对每个体重的衡量单位进行归一化,是英镑还是公斤,不能混淆使用。
- 你的数据可能并不适用于相应的算法。数据存在着各种各样的形式和规范,或者叫数据类型(data type),有些是数值型的数据,有些则不是。有些数据集合能被有序排列,有些则做不到。有些数据是离散化的(例如房间里的人数),另一些则是连续化的(例如气温或者气压等数据)。

1.7.2 计算难以瞬间完成

完成任何一个解决方案的计算都需要一定的时间,方案的响应速度对商业应用的成功与否起到十分关键的作用。不能总是盲目假设任何算法在所有数据集上都一定能在规定时间内完成,你需要测试一下算法的性能是否在可接受的范围内。

1.7.3 数据规模非常重要

当我们考虑智能应用时,数据规模是很重要的因素。数据规模的影响可以分为两点来考查:第一点是,规模会影响应用系统的响应速度,上一节我们刚提过;第二点是,在很大的数据集上挖掘出有价值结果的能力会受到考验。例如为 100 个用户开发的电影或音乐推荐系统可能效果很好,但是同样的算法移植到有着 100,000 个用户的环境里,效果可能就不尽如人意了。

其次,使用更多的数据来训练的简单算法,比受制于维度诅咒(在第 2 章中有介绍)的复杂算法往往有好得多的效果。类似 Google 这样拥有海量数据的大型企业,优秀的应用效果不仅来自精妙复杂的算法,也来自其对海量训练数据的分析挖掘。

1.7.4　不同的算法具有不同的扩展能力

我们不能假设智能应用系统可以通过简单增加服务器的方法来扩展性能。有些算法是具备扩展性的，而另外一些则不行。例如，我们如果要从数亿标题里，找出有相似标题的各组新闻，注意并不是所有的聚类算法此时都能并行化运行的，你应该在设计系统的同时就考虑可扩展性。有些情况下你需要将数据切分成较小的集合，并能够让智能算法在各个集合上并行运行。设计系统时所选择的算法可能需要有并行化的版本，你需要一开始就将其纳入考虑，因为通常围绕着算法还会有很多相关联的商业逻辑和体系结构需要一并考虑。

1.7.5　并不存在万能的方法

你可能听说过一句谚语，"当你有了把榔头的时候，看什么东西都像钉子"，这里我想告诉你的意思是：并不存在能够解决所有智能应用问题的万能算法。

智能应用软件和其他所有软件类似——具有其特定的应用领域和局限性。当面对新的应用领域时，一定要充分验证原有方法的可行性，而且你最好能尝试用全新的视角来考查问题，因为不同的算法在解决特定的问题时才会更有效和得当。

1.7.6　数据并不是万能的

根本上看，机器学习算法并不是魔法，它需要从训练数据开始，逐步延伸到未知数据中去。例如，假设你已经对数据的分布规律有所了解，那么通过图模型来表达这些先验知识会非常有效。[1] 除了数据以外，你还需要仔细考虑，该领域有哪些先验知识可以应用，这对开发一个更有效的分类器会很有帮助。

1.7.7　模型训练时间差异很大

在特定应用中，可能某些参数的微小变化就会让模型的训练时间出现很大的差异。人们往往会直观地觉得调整参数时，训练时间是基本稳定不变的。例如，假设有一个系统是计算地球平面上任意两点之间的距离的，那么任意给出两个点的坐标时，计算时间差不多都是相同的。但在另一些系统里却并非如此，有时细微的调整会带来很明显的时间差异，有时差异甚至可以大到数小时，而不是数秒。

---

[1]　Judea Pearl, *Probabilistic Reasoning in Intelligent Systems* (Morgan Kaufmann Publishers, 1988).

1.7.8　泛化能力是目标

机器学习实践中普遍存在的一个误区是会陷入处理细节而忘了最初的目标——通过调查来获得处理问题的普适的方法。测试阶段是验证某个方法是否具备泛化能力的关键环节（通过交叉验证、外部数据验证等方法），但是寻找合适的验证数据集并不容易。如果在一个只有几百个样本的集合中训练有数百万维特征的模型，试图想获得优秀的精度是很荒唐的。

1.7.9　人类的直觉未必准确

在特征空间膨胀的时候，输入信息间形成的组合关系数量会快速增加，这让人很难像对中等数据集合那样，能够对其中一部分数据进行抽样观察。更麻烦的是，特征数量增加时，人类对数据的直觉会迅速降低。例如在高维空间里，多元高斯分布并不是沿着均值分布，而是像一个扇贝形状围绕在均值附近，[1] 这和人们的直觉完全不同。在低维空间中建立一个分类器并不难，但是当维度增加时人类就很难直观地理解了。

1.7.10　要考虑融入更多新特征

你很可能听说过一句谚语“进来的是垃圾，出去的也是垃圾”（garbage in, garbage out），在建立机器学习应用中这一点尤其重要。为了避免该问题的发生，关键是要充分掌握问题所在的领域，通过调查数据来生成各种各样的特征，这样会对提升分类的准确率和泛化能力有很大的帮助，仅靠把数据扔进分类器就想获得优秀结果的幻想是不可能实现的。

1.7.11　要学习各种不同的模型

模型的组合（ensemble）正变得越来越流行了，因为组合方法仅需要付出少许偏见的代价就能大大减少算法的不确定性。在 Netflix 竞赛中，冠军队以及成绩优异的队伍全都使用了组合模型方法，优胜队伍把超过 100 个模型合并在一起（在模型上叠加高层的模型形成组合）以提升效果。业界专家们普遍认为未来的算法都会通

---

[1]　Domingos, "A Few Useful Things to Know About Machine Learning."

过模型组合的方法来获得更好的精度，但是这也会抬高非专业人员理解系统运行机制的门槛。

1.7.12　相关关系不等同于因果关系

这一点值得反复强调，我们可以通过一句调侃的话来解释："地球变暖、地震、龙卷风，以及其他自然灾害，都和 18 世纪以来全球海盗数量的减少有直接关系"。[1]这两个变量的变化有相关性，但是并不能说存在因果关系，因为往往存在第 3 类（甚至第 4、5 类）未被观察到的变量在起作用。相关关系可以看作是潜在的因果关系的一定程度的体现，但还需要进一步进行研究。

1.8　本章小结

- 我们对智能算法进行了整体上的审视，并举出一些实际案例进行了说明。
- 智能算法是指能够根据输入的数据自动对行为进行调整的系统。
- 我们指出了一些智能算法设计过程中的常见误区，希望对从业者起到警示作用。
- 智能算法可以从整体上划分为三个方面：人工智能、机器学习、预测分析，本书将重点阐述后两者。简单翻阅本书时不妨回顾一下这些基础概念。
- 我们介绍了常用的算法评价指标，例如 ROC 曲线等，曲线下方的面积 AUC 也常用于衡量模型的效果。需要注意效果评价的方法非常之多，我们仅仅作了基础性的介绍。
- 我们从智能算法的社区中仔细编录了一些有价值的注意点，它们是指导我们前行的宝贵指南。

---

[1]　Bobby Henderson, "An Open Letter to Kansas School Board," Verganza (July 1, 2005), www.venganza.org/about/open-letter.

从数据中提取结构：聚类和数据变换

2

本章要点

- 特征和特征空间
- 期望最大法——训练算法的一种方式
- 对数据进行轴变换以更好地表达数据

在之前的章节里我们已经对智能算法的基本概念进行了阐述，从本章开始我们将聚焦在机器学习和预测分析的算法上。如果你之前曾经想了解各种算法的工作原理，那么接下来的内容就是为你准备的。

本章将主要探讨与数据的结构有关的内容。对给定的数据集合，是否存在特定的模式和规则去描述它们呢？举个例子，如果有一个包含一群用户的工作头衔、年龄、薪水信息的数据集，我们是否能够找到特定的规则或模式，通过简化的方式来描述这些数据呢？比如是否能确定年龄大的人薪水就相应较高，或者是否少数人拥有着很大比例的财富？如果能挖掘出这些规律，我们就能对数据集合进行直接描述，或用更精简、尺寸更小的方法来表达。图 2.1 对此进行了形象化的表达，这也是本章的核心内容。

图 2.1   以可视化方式展示数据的结构。在这里，x-y 轴坐标的取值并不重要，图中用不同形状和
颜色展示了三类不同的数据集。可以看出，不同集合的数据点聚集在不同的区域里，也
可以看出不论属于哪个类别，当 x 值变大时，相应的 y 值也会增大。以上这些属性都和
数据的结构相关，在本章中我们将对此进行逐一介绍。

对本书纸质版的读者关于彩色插图的说明：本书中的部分插图是彩色的，
以电子版方式阅读时可以看到色彩，这些颜色用以作为很好的参考。电子版
的 eBook 格式包括 PDF、ePub 和 Kindle 格式，读者可以在网址 www.manning.
com/books/algorithms-of-the-intelligent-web-second-edition 注册并获取电子版本。

我们将对本章主题内容所涉及的基础术语，以及数据相关的结构的含义做介绍。
另外也会探讨数据偏见和噪声的定义，它们在采集数据过程中会带来意外的影响。
另外，特征空间和维度诅咒也会被讨论到，简单来说，它们对我们掌握数据特征的
数量、数据样本的规模、智能算法中出现的一些现象间的关联关系时有帮助。

接下来我们将讨论一种获取结构的特定方法，将之称为聚类（Clustering）。聚
类是基于数据样本间的相似程度来将样本进行分组的过程，形如图 2.1 中的样本点
上色。聚类有非常广泛的应用，这是因为我们经常想了解物品和其他哪些物品类似。
例如，商家也许想了解某顾客和另外哪些顾客在购买行为上类似，这样能够通过定
位出最有价值的顾客，并扩展出相似的顾客来不断扩大顾客群的规模。聚类有很多
种不同的实现方法，我们将从一种被称为 k-means 的方法开始进行介绍。k-means
试图将输入数据划分为 k 个区域 / 簇。尽管 k-means 方法理论上非常简单，但在实
践中有广泛的应用，我们将为你提供所有必要的源代码以便于你脱离 scikit-learn 软
件包也能开发出属于自己的聚类程序。在探讨 k-means 的过程中你也能领会到我们
如何通过称为期望最大法（Expectation Maximization，简称 EM）的迭代训练算法来
获得聚类簇。本章后面介绍第二个聚类算法高斯混合模型（Gaussian Mixture Model，
简称 GMM）时还会再次提到 EM 的概念。

GMM 聚类算法可以被视作 k-means 算法的一个扩展版本。如果对 GMM 算法

进行特定的条件限制时，GMM 和 k-means 可以得到完全一样的结果。后续章节中将对此进行更深入的探讨，现在你可以先把 GMM 看作是对数据样本分布情况进行额外的一些采集和挖掘的方法，EM 算法在训练过程中也会被用到，我们将分析和探讨 EM 在 GMM 和 k-means 中使用时为何存在少许的差异点。

在本章最后，我们将介绍在不损失数据所蕴含的信息量的情况下，降低数据特征维数并获取数据间结构的重要方法。在这个过程中，数据中各种变量间的关联关系也能同时得到分析。在图 2.1 中能看出，无论哪种类型的数据，x 都会随着 y 的增加而增加。我们将会介绍一种算法，名叫主成分分析（Principal Component Analysis，简称 PCA），该算法揭示了数据样本空间中最重要的轴方向——以此来帮助你判断哪些特征是重要的，哪些不重要。PCA 能够将数据集合映射到规模更小的特征空间里去——那里特征的数量更少，但损失的信息量却不多。降维能用于聚类算法（或其他智能算法）之前的数据预处理，可以非常有效地降低算法的运算时间，同时不会对算法的性能产生明显影响。现在让我们尽快开启对数据和结构的介绍吧！

2.1 数据、结构、偏见和噪声

在本书中，数据（data）是指所有可被采集和存储的信息，它们生成的方法各不相同。在与 Web 有关的智能算法里，我们采集数据的目的是为了更精准地预测用户的在线行为。记住这点后，我们再来理解术语结构（structure）、偏见（bias）和噪声（noise）的概念。

当我们谈论结构时，通常指的是数据中隐含的分组、顺序、模式或相关关系等。例如，如果要整理所有英国人口的身高，我们可以对男性和女性进行分组，并获得相应组的平均身高。当数据收集者一直少报测量数据时，偏见就产生了；而经常在收集者不认真、仔细地进行测量时，噪声就会被引入进来。

为了进一步介绍这些概念，我们来分析一个被称为 Iris 的真实数据集。Iris 源于 1936 年，由包含 3 种类型共 150 个样本的花卉数据构成，每个样本包含 4 类特征。通过程序清单 2.1 可以了解数据的大致情况。

清单 2.1　在 scikit-learn 中对 Iris 数据集进行分析（交互方式）

```
>>> import numpy as np
>>> from sklearn import datasets          ←—— 导入scikit-learning数据集
>>>
>>> iris = datasets.load_iris()
>>> np.array(zip(iris.data,iris.target))[0:10]   ←
array([[array([ 5.1,   3.5,   1.4,   0.2]), 0],   ←—— 建立数据和目标的数组，
       [array([ 4.9,   3. ,   1.4,   0.2]), 0],        并展示数组的前10行
       [array([ 4.7,   3.2,   1.3,   0.2]), 0],
       [array([ 4.6,   3.1,   1.5,   0.2]), 0],
       [array([ 5. ,   3.6,   1.4,   0.2]), 0],    ←—— 所展示的数组的前10行
       [array([ 5.4,   3.9,   1.7,   0.4]), 0],
       [array([ 4.6,   3.4,   1.4,   0.3]), 0],
       [array([ 5. ,   3.4,   1.5,   0.2]), 0],
       [array([ 4.4,   2.9,   1.4,   0.2]), 0],
       [array([ 4.9,   3.1,   1.5,   0.1]), 0]], dtype=object)
```

加载进入Iris
数据集

清单 2.1 展示了通过 Python 调用 scikit-learn 软件包来访问 Iris 数据集的方式。运行 Python shell 后我们先导入 NumPy 软件包，和包含 Iris 的数据集合，然后用 zip 方法建立二维数组，将 iris.data 和对应的 iris.target 数据中的前 10 行保存在该数组里。

iris.data 和 iris.target 数据是什么呢？在这里我们又生成了什么呢？这里的 iris 对象是 sklearn.datasets.base.Bunch 生成的一个实例，是包含若干个属性的词典类型的对象（可以查阅 scikit-learn 的文档来获得更多细节）。iris.data 是特征值构成的二维数组，iris.target 是类别信息构成的一维数组，清单 2.1 中的每一行是花卉的特征向量和相应的花卉类别。这些特征与花瓣、花萼的长宽相关，类别和花卉所属的种类相关，每行中花卉特征的顺序都是相同的。清单 2.2 展示了这些信息的总结。

清单 2.2　在 scikit-learn 中对 Iris 数据集进行分析（交互方式，续上）

```
>>> print(iris.DESCR)
Iris Plants Database

Notes
-----
Data Set Characteristics:
    :Number of Instances: 150 (50 in each of three classes)
    :Number of Attributes: 4 numeric, predictive attributes and the class
    :Attribute Information:
        - sepal length in cm
        - sepal width in cm
        - petal length in cm
        - petal width in cm
        - class:
```

```
                    - Iris-Setosa
                    - Iris-Versicolour
                    - Iris-Virginica
:Summary Statistics:
============== ==== ==== ======= ===== ====================
               Min  Max  Mean    SD    Class Correlation
============== ==== ==== ======= ===== ====================
sepal length:  4.3  7.9  5.84    0.83     0.7826
sepal width:   2.0  4.4  3.05    0.43    -0.4194
petal length:  1.0  6.9  3.76    1.76     0.9490   (high!)
petal width:   0.1  2.5  1.20    0.76     0.9565   (high!)
============== ==== ==== ======= ===== ====================
:Missing Attribute Values: None
:Class Distribution: 33.3% for each of 3 classes.
:Creator: R.A. Fisher
:Donor: Michael Marshall (MARSHALL%PLU@io.arc.nasa.gov)
:Date: July, 1988
```

通过使用属性 DESCR，可以从生成的控制台里获取记录在 Iris 数据集中的一些信息，包括 iris.data 中每行的特征，按顺序为花瓣长度（cm）、宽度（cm），花萼的长度（cm）、宽度（cm）；iris.target 中提供的花卉类别是 Iris-Setosa、Iris-Versicolour 和 Iris-Virginica。回顾清单2.1，这些类别用整数值来表示。通过类别标签 target_names 可以很容易地找到类别名称和整数值的对应关系。下面的代码展示了 0 对应类别 Setosa，1 对应 Versicolour，2 对应 Virginica：

```
>>> iris.target_names
array(['setosa', 'versicolour', 'virginica'],
      dtype='|S10')
```

尽管我们在一个简单的数据集上进行操作，但是对此的学习能够让你了解机器学习算法的通用知识。本章后面的部分将介绍怎样从数据中抽取结构，以及抽取的各种不同方法。

我们尝试着通过 Iris 数据集上的一些假想的实验来展示"结构"的概念。也许所有的 Virginicas 花卉比其他类别的花卉更大，例如花瓣和花萼的长宽数值都明显更大。又或者某种花的花瓣的特点是细长的，相比而言其他花的花瓣是宽的。现在你还不知道数据里这些潜在的结构，但是你一定很想学习能够自动发现这些结构的方法，并进一步通过这些结构来划分子集合或类簇，并且将每个数据点都归类到相应的类簇。这也称为聚类（clustering）。

前面我们提过，数据的重要性是各不相同的！即使有些描述方式能有效提取出某种类型花卉的独特之处，也还有其他一些因素需要考查，例如如果数据是在花卉生长期之前采集的呢？此时花朵还没有成熟，尺寸还没有发育完全呢？这意味着这些花和整体数据都不同——这被称为偏见（bias）。用这些数据来进行聚类的结果对该数据集是适配的，但是并不是正确的，因为数据和其他实际数据不同。

　　而如果把数据采集任务分配给很多不同的人呢？这些人各自有不同的数据测量方法，细心程度也不同，将会导致数据有很强的随机性，这被称为噪声（noise），它们将扰乱数据的结构。为了实现更好的效果，我们在数据采集阶段要尽量避免引入噪声和偏见。

2.2　维度诅咒

　　尽管当前数据集里只包含 4 个维度的特征，但是你也许会好奇，我们是否能够采集成百上千种花卉的特征然后让算法来做所有的工作？让我们先把实际采集的可行性放在一旁，当从高维度的数据特征中抽取结构时，有两个基础性问题需要考虑。第一个问题是当维度很大时，特征点分布的空间也在膨胀。也就是说，如果数据点的数量不变，但用来描述这些数据的属性的数量增加时，数据点在空间中分布的密度将迅速降低，也就是说在数据空间中搜寻半天也很难找到相关联的结构。

　　第二个基础性问题有一个令人恐惧的名字，叫维度诅咒（curse of dimensionality）。简单来说这个问题的意思是，如果在高维的空间里有任意（any）的数据点，使用任何（any）距离计算公式都会发现点之间的距离几乎都是一样的。为了解释维度数量的这个重要影响，我们用图 2.2 来予以展示。

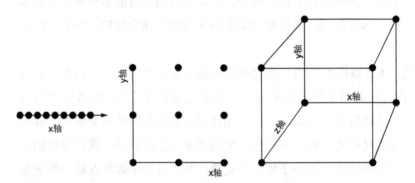

图 2.2　维度诅咒：每一个点都逐渐变得与其他点的距离一样。

　　从左到右观察图 2.2，你会看到每张图的维度都增加了 1。第一张图中，在一维空间里从 0 到 1 之间，均匀分布了 8 个点，可以计算出这些点之间的最小距离是

min(D)=0.125，而最大的距离 max(D)=1，最小和最大距离的比率等于 0.125。在二维空间中，8 个数据点仍然是均匀分布的，但是此时最小距离 min(D)=0.5，最大距离 max(D)=1.414（验证正方形对角线），最小和最大距离的比率此时为 0.354。在右侧的三维空间中，min(D)=1，max(D)=1.732，此时 min(D) 和 max(D) 的比率等于 0.577。当维度逐步增加时，最小距离和最大距离的比率逐步趋近于 1，这意味着无论从哪个方向去观察或用什么距离公式去计算，看起来都一样。

实践中维度诅咒意味着，对数据采集越多的特征，样本空间就越大，数据样本点之间的相似度就越难去度量。在本章所举的例子中，为了发现数据间的结构，你也许会觉得在调查过程中采集尽可能多的特征会对揭示结构有帮助，虽然的确如此，但是一定要特别小心——因为每当特征增加时，训练所需的数据样本点的数量要相应增加很多。实践中存在一个折中：既需要提取很多有强描述能力的属性，又不能提取得太多，以避免缺乏足够多的数据来填充空间和挖掘结构。

2.3　k-means算法

k-means 算法基于每个子集合的平均值，将数据点划分为 k 个特定的类簇。通常我们使用基于迭代运算的 Lloyd 算法[1] 来生成聚类结果，一般这个算法通常直接就被称为 k-means 算法了。所以当人们说他们在使用 k-means 算法时，请了解就是指用 Lloyd 算法来解决 k-means 问题。我们用图 2.3 所示的仅有一维的数据集来解释该算法的运行过程。

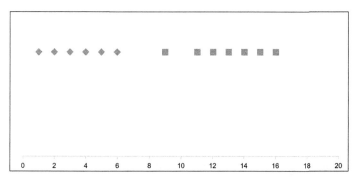

图 2.3　在一维空间中包含了两个可能的聚类的一条线。条目表示了数据集中对应的数值。相同形状的数据点表示了直观上存在的一个数据类簇。

---

[1]　Stuart P. Lloyd, "Least Squares Quantization in PCM," *IEEE Transactions on Information Theory* 28 (1982): 129-137.

　　图中展示了包含 13 个样本点的一个数据集，能清晰地看出这些样本间存在一定的结构，靠左侧的一些点可以被划分在 0~6 的区间里，右侧的那些可以被划分到 9~16 的区间。我们未必需要知道这是否算一个优良的聚类结果，但是如果非要做出判断的话，我们能够猜测它们很明显可以被视为不同组的样本点。

　　聚类算法想要做的事情本质上是：为数据点建立分组，以表达出这些点之间的结构或类簇。在介绍 k-means 在真实数据上的应用之前，我们先对当前的这个例子进一步做一些分析，这个一维的简单实例不失通用性地展示了算法的思想。在真实应用中重要的模式和结构在更高维的空间里被发掘出来，当然也可能会受到维度诅咒的影响。

　　Lloyd 算法通过不断迭代来寻找数据集中各个类簇的均值。算法使用的参数 k 指的是预先指定的类簇的数量，还需要预先估计出 k 个估计值作为每个类簇的初始均值，如果估计值不准确也不用担心——算法将迭代地更新它们以获得最优的结果。我们回顾一下图 2.3，来演示一下使用这些数据来操作的过程。

　　首先，假设此时我们并不知道每个类簇的均值（这是聚类算法的常见假设），我们只有 13 个数据点。但假设我们很聪明，猜测出了数据有 2 个类簇，所以设置参数 k=2。算法紧接着将这样进行：首先我们对 k 均值进行粗糙的估算，如随机地选择 1 和 8 分别标记为均值 k_1 和 k_2，在图 2.4 中我们用三角形和圆形来分别做个标记。这是我们的猜测值，接下来将更新它们。

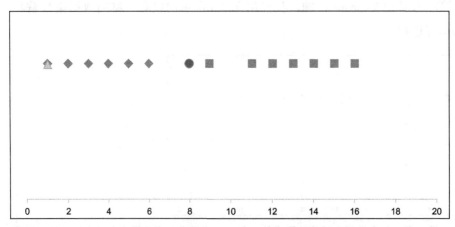

图 2.4　对 k 个类簇的均值点的初始设置。k_1 类簇的均值点用三角形表示，k_2 类簇的均值用圆形表示。

　　现在，我们将把数据集中的每一个点分配给最近的类簇。这样操作下来，所有小于 4.5 的点将被分给 k_1，大于 4.5 的点将被分给 k_2。图 2.5 中将属于 k_1 的点用绿色表示（印刷版书籍中用菱形表示），属于 k_2 的点用红色（方形）表示。

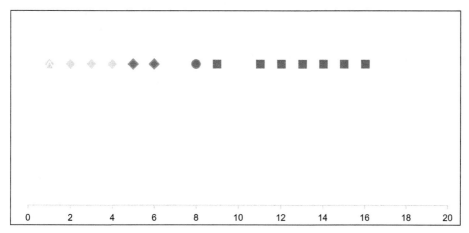

图 2.5 类簇的数据点的初始设置。属于 k_1 类簇的数据点用绿色表示（菱形），属于 k_2 类簇的数据点用红色表示（方形）。

你可能会觉得开始的这个结果还不错，但接下来结果还能变得更好。观察一下数据后就能发现，小于 7 的点更适合左边的类簇 k_1，而大于 7 的点放到 k_2 更合适。为了让类簇围绕中心点分布得更均匀，我们计算该类簇的平均值作为新的均值。此时 k_1 类簇的均值是所有绿色点的平均，k_2 是红色点的平均，算下来 k_1 和 k_2 的新的均值分别是 2.5 和 11.2，在图 2.6 中可以看到更新后的均值点。类簇中心都被对应类簇的点拽着移动了。

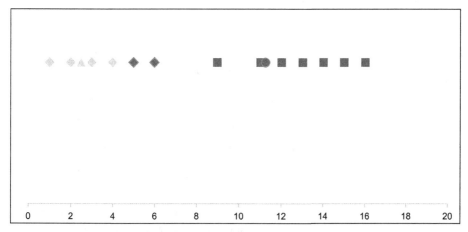

图 2.6 生成新的类簇后更新类簇均值点。类簇的中心点被更新为能更好代表该类簇的数据点。

接下来我们再进行第二轮迭代，和之前类似，将所有数据点分配给离它最近的类簇中心，此时大致小于 6.8 的点都分给了 k_1，其余点分给了 k_2。如果继续计算两个类簇的中心点，将算出 3.5 和 12.8。到此时为止，继续往下迭代将不会再给数据点的分配带来变化，因而类簇的均值也将不再变化，这种情况又被称为算法收敛（converged）。[1] 图 2.7 展示了最终的分配状态。

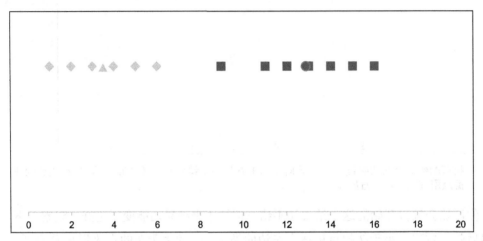

图 2.7　类簇的最终数据点的分配状态。最终的类簇中心点分别用三角形和圆形来表示。小于 6.8 的数据点被分配给 k_1 类簇，大于 6.8 的点被分配给 k_2 类簇。额外的 k-means 算法迭代将不会再改变这个聚类结果。

这个最终结果和我们手工进行聚类的结果完全一样，也就是说，算法几乎不需要开发者的介入，就能自动选择出数据点的聚类方式了。

尽管用欧式距离公式 [2] 可以证明算法必然收敛，但是请注意，收敛并不意味着达到了全局最优，也就是说，最终的聚类结果并不一定是最好的。算法对初始条件敏感，可能会得到不同的类簇均值（局部最优解）。因此在实践中可以重复运行多次，每次设置不同的初始值。一种较为接近全局最优解的方法是取多次重复运行时生成的类簇均值结果的平均值，作为初始的均值点来进行最终版的迭代运算。这能够让你获得离最优的类簇中心更好的初始值，虽然仍然不能确保一定是最优的。

清单 2.3 总结了该过程的伪代码，在算法开始时我们首先需要对 k 个类簇的中心赋初始值，然后进入一个循环，循环的退出条件是算法收敛。前面的例子直观地

---

[1]　这种称法在训练其他算法的参数时也同样适用。当一个代价函数达到最小化时，算法实践者称算法的训练已经收敛了。在本书中，我们基本都依赖scikit-learn库来完成训练过程中的收敛。

[2]　Leon Bottou and Yoshua Bengio, "Convergence Properties of the K-Means Algorithms," *Advances in Neural Information Processing Systems* 7 (1994).

展示了当类簇中心和数据点的分配都不再产生变化时算法就收敛了，但实际运行时未必如此。更常用的方法是判断类簇中心是否发生变化。如果这个变化小于特定的可容忍的数值，就可以有把握地认为只有极少数点被重新分配了，也就意味着此时算法已经收敛了。

清单 2.3　k-means 方法伪的代码：期望最大化

```
Initialize centroids                                          期望计算步骤
while(centroids not converged):
    For each data item, assign label to that of closest centroid.
    Calculate the centroid using data items assigned to it        最大化步骤
```

期望生成的步骤是使用欧式距离计算离每个点最近的类簇中心点，而最大化的步骤是基于所分配的点来重新计算类簇中心点，也意味着在特征空间里每一个维度对类簇中心起的作用是相同的。

本质上看这个过程就是建立一个循环来不断让建立的类簇更能代表对应点的集合，进而让更多的数据点被圈入相应的类簇，周而复始。当类簇不再圈入新的点且稳定时迭代收敛。这是 Lloyd 算法的一个特定应用，更通用的也被称为期望最大（Expectation Maximization，简称 EM）算法。从这里开始，为了方便，我们都将此称为 k-means 算法。本章后半部分还将对期望最大的概念进行讲解。

2.3.1　实践运用 k-means

现在我们将 k-means 算法用于维度略高一些的数据集：之前介绍过的 Iris 数据集。下面的清单 2.4 展示了调用 Iris 数据集并使用 scikit-learn 里的 k-means 模块的代码片段。代码运行后会把所生成的聚类结果打印在屏幕上并退出。

清单 2.4　实践运用 k-means

```
from sklearn.cluster import KMeans
from sklearn import datasets

iris = datasets.load_iris()                    仅包含数据，不包括类别
X = iris.data
km = KMeans(n_clusters=3)
km.fit(X)                                       传入k的取值，在本例中等于3

print(km.labels_)
```

对 Iris 数据集来说，就算没有花卉类别的实际信息，我们是否也能通过聚类发

掘出其中潜在的模式？换句话说，算法是否能自动将 Iris 数据集划分为三个特定的
类别呢？试着运行以下程序，你可以发现算法的确能生成三个类簇！太棒了，但是
可以通过对比观察类簇和数据来了解更多。清单 2.5 提供了可视化的代码。

清单 2.5　对 k-means 的输出结果进行可视化展现

```python
from sklearn.cluster import KMeans
from sklearn import datasets
from itertools import cycle, combinations
import matplotlib.pyplot as pl

iris = datasets.load_iris()
km = KMeans(n_clusters=3)
km.fit(iris.data)

predictions = km.predict(iris.data)

colors = cycle('rgb')
labels = ["Cluster 1","Cluster 2","Cluster 3"]
targets = range(len(labels))

feature_index=range(len(iris.feature_names))
feature_names=iris.feature_names
combs=combinations(feature_index,2)

f,axarr=pl.subplots(3,2)
axarr_flat=axarr.flat

for comb, axflat in zip(combs,axarr_flat):
        for target, color, label in zip(targets,colors,labels):
                feature_index_x=comb[0]
                feature_index_y=comb[1]
    axflat.scatter(iris.data[predictions==target,feature_index_x],

    iris.data[predictions==target,feature_index_y],c=color,label=label)
                axflat.set_xlabel(feature_names[feature_index_x])
                axflat.set_ylabel(feature_names[feature_index_y])
f.tight_layout()
pl.show()
```

　　清单 2.5 提供的代码将 Iris 的特征用 2D 组合方式全部打印了出来，如图 2.8 所示。
数据点的颜色和形状表示相应的类簇——也就是 k-means 所发现的。

　　图中 Iris 数据集各种特征的组合全部被打印出来以展示聚类的质量。在四维空
间中，每一个点都被离它最近的类簇中心分配到对应的类簇里，在这些二维图像里
每个点的颜色始终不变。

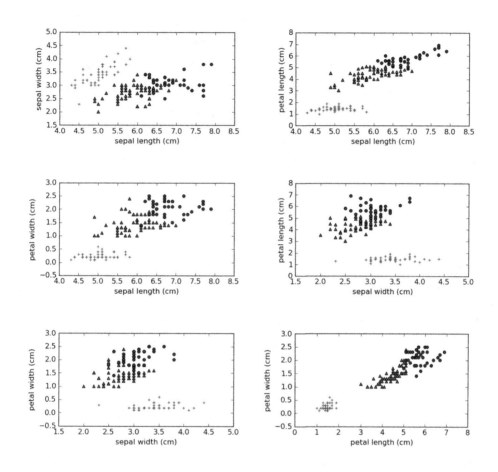

图 2.8 对 Iris 数据集的 k-means 聚类结果，通过执行清单 2.5 中的代码来获得。请注意，k-means 表示了 n 维空间中的类簇的中心点，其中 n 表示特征的数量（在 Iris 数据集中为 4）。为了进行可视化展现，我们将每个特征和其他特征组合绘制为二维图像。

快速观察这些图，能大致发现右下角的花瓣长度／宽度组合的点图能提供最好的视觉展示，同时也能看出这两个因素有很强的关联性，通过这两个特征几乎就能把三个类簇很好地分开了。如果这是真的话，那问题来了，如果只用一个特征就能很好地将花的种类区分开的话，为什么我们还需要 4 个特征呢？好问题！

简单来回答这个问题就是也许确实不需要，但是在采集特征的阶段我们还无法知道。事后诸葛亮来看的话，我们应该调整数据采集的方法，尽管当时还没有办法知道。

在 2.6 节中，我们将提出主成分分析方法来重新考查这个问题，该方法可以通过为数据生成新的坐标轴的方式来使数据的方差最大化。眼下可以先不纠结这个问题，只需要认为我们能够从全部特征中蒸馏出精华的部分来提供最好的数据描述就可以了。

紧接着，我们还将介绍另一个基于概念建模的划分算法，与 k-means 方法不同，该方法运用了数据集合中的内在分布进行数据建模——并且由于分布情况的参数需要学习，这种模型被称为参数模型（parametric model）。我们也将讨论该方法和 k-means 方法（非参数模型）的区别，以及满足什么条件后这两类方法可以演变为相同的。因为接下来介绍的方法使用高斯分布作为内核，因此又常被称为高斯混合模型（Gaussian Mixture Model，GMM）。

2.4　高斯混合模型

前面一节我们介绍了 k-means 算法，它是业界使用最广泛的一种聚类算法，这种能提取结构的非参数模型的方法对很多应用场景都有很好的普适性。在本节中，我们将介绍使用高斯分布的一种参数模型方法，称为高斯混合模型。这两种方法都使用了期望最大（Expectation Maximization，简称 EM）算法进行训练，后面还会对此算法的思想进行更深入的介绍。

在特定条件下，k-means 和 GMM 方法可以互相用对方的思想来表达。在 k-means 中，根据每个点最接近的类簇中心来标记该点的类别，这里存在一个前提假设，每个类簇的尺寸接近并且特征的分布不存在不均匀性（即在特征空间里不可能既存在非常长的类簇，又同时有很短的类簇）。这也解释了为什么在使用 k-means 前对数据进行归一会有效果。高斯混合模型则不会受到这个约束，因为它对每个类簇分别考查特征的协方差模型。如果看到这里有些糊涂，不用担心，我们接下来还会对此进行详细解释。

2.4.1　什么是高斯分布

你也许听说过高斯分布（Gaussian distribution），有时也被称为正态分布（normal distribution），我们紧接着将对这个分布提供精确的数学定义，你也可以将其理解为这是一种在自然界大量存在的分布。

我们先用一个简单的例子来进行直观的说明，如果你对大量人口进行身高数据的随机采样，并且将获取到的成人身高数据画成柱状图，那么将会得到如图 2.9 所示的图形。这张图模拟展示了 334 个成人的统计数据，可以看出，最常见的身高在

180cm 左右的 2.5cm 的区间里。

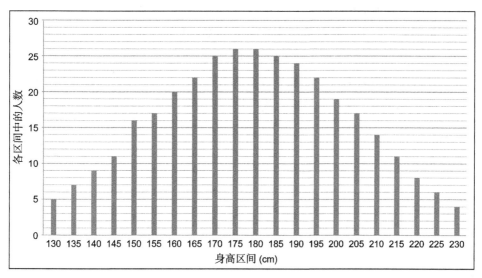

图 2.9　正态分布的直方图，用 334 个虚拟人的身高数据构成。最频繁出现的集中在中间的 180cm 处。

　　图形直观地展示了高斯分布，但是为了验证我们的假设，现在通过严格的高斯公式来验证是否能对应相应内容，高斯分布的概率密度函数公式如下：

$$f(x|\mu,\sigma^2) = \frac{1}{\sqrt{2\sigma^2\pi}}\, e^{-\frac{(x-\mu)^2}{2\sigma^2}}$$

　　公式中包含两个参数，我们后续需要通过训练来适配相应的数据。参数 μ 表示均值，参数 σ 表示标准差，均值对应分布的中间位置，在本例中我们可以推测均值在 180cm 附近。标准差衡量了数据围绕均值分散的程度。正态分布中的一个背景知识点是，95% 的数据分布在均值周围两个标准差的范围内。本例中大约 25 到 30 左右是标准差参数的取值，因为大多数数据都分布在 120cm 到 240cm 之间。

　　上面的公式是概率密度函数（PDF），也就是在已知参数的情况下，输入变量值 x，可以获得相对应的概率密度。还要注意一件事，就是在实际使用前，概率分布要先进行归一化，也就是说，曲线下面的面积之和需要为 1，这样能确保返回的概率密度在允许的取值范围内。如果需要计算指定区间内的分布概率，则我们可以计算在区间首尾两个取值之间的面积的大小。另外，除了直接计算面积，我们还可以用更简便的方法来获得同样的结果，就是减去区间 x 对应的累积密度函数（Cumulative

Density Function，CDF）。因为 CDF 表示的是数值小于等于 x 的分布概率。

　　现在我们回到之前的例子来评估一下参数和对应的实际数据。假设我们用柱状图来表示分布概率，每个柱状线指相应身高值在 334 个人中的分布概率，用每个身高值对应的人数除以总数（334）就可以得到对应概率值，在图 2.10 中我们用左侧的红色线（采样概率值）来表示。如果设置参数 μ=180、σ=28，使用累积密度函数来计算对应的概率值，通过右侧绿色线（模型概率值）可以肉眼观察到模型拟合的精度。

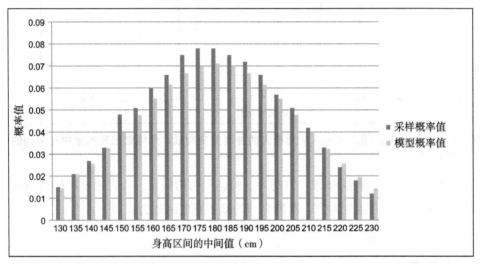

图 2.10　虚拟的 334 人的身高数据。对给定用户，身高分布的采样概率用红色柱状图表示（图中每对柱图中左侧的线条）。用高斯模型在参数 μ=180、σ=28 时计算出的概率用绿色柱状图表示（柱状图中右侧的线条）。

　　简单观察图 2.10，可以看出所猜测的均值参数 180 和标准差参数 28 效果不错，标准差看上去拟合得很好，虽然可能稍微偏小了一点。当然我们可以不断调校参数来拟合得更好，但是更准确的办法是通过算法来生成它们！这个过程被称为模型训练（model training）。下面我们将介绍用期望最大算法来实现。

　　必须要指出的一点区别是，采样所获得的数据和全体数据的分布是存在一定差异的。因此首先让我们假设采集的 334 个用户的数据能够代表全体人口。另外，我们还假定隐含的数据分布是高斯分布，采样数据分布以此来绘制。在此前提下，我们来预估潜在的分布情况。我们希望如果采集越来越多的数据，身高的分布越来越趋近于高斯分布，尽管仍然有其他不确定因素。模型训练的目的就是在这些假设前提下尽可能小地降低不确定性。

2.4.2 期望最大与高斯分布

上一节我们直观展示了用高斯模型来拟合一个数据集的方法，本节中我们将介绍如何用算法来精确完成这个过程的方法。为了规范起见，我们将对之前直观的概念更明确地给出解释。当我们判断一个模型是否拟合良好时，要观察采样的概率值和模型概率值是否接近。然后我们调整模型，使新模型更适配采样概率。该过程反复迭代很多次直到两个概率值非常接近，我们停止更新并认为模型已经训练完成。

现在我们要将这个过程用算法来实现，此外，我们还需要有别于视觉的方法来评估拟合效果。我们要使用的方法是用模型生成的数据来决定似然值，即通过模型来计算数据的期望值。通过更新参数 μ 和 σ 来让期望值最大化。这个过程可以不断迭代，直到两次迭代中生成的参数变化非常小为止。该过程和前面介绍的 k-means 算法的训练过程很相似，当时我们不断更新类簇中心来让结果最大化，在高斯模型中我们需要同时更新两个参数：分布的均值和标准差。

2.4.3 高斯混合模型

现在你应该已经基本了解高斯分布的含义了，接下来我们将讨论高斯混合模型。该模型是对高斯模型进行简单的扩展，使用多个高斯分布来描述数据分布。让我们举一个具体例子来说明。想象一下，现在不再只考查用户身高，而是要在模型中同时考虑男性和女性的身高。

如果假定之前的样本里有男性和女性，这样之前的高斯分布其实是两个高斯分布的叠加结果。相比只使用一个高斯分布来建模，我们可以使用两个（或多个）高斯分布：

$$p(x) = \sum_{i=1}^{K} \phi_i \frac{1}{\sqrt{2\sigma_i^2 \pi}} e^{-\frac{(x-\mu_i)^2}{2\sigma_i^2}}$$

该公式和本章之前的公式非常相似，细节上有几点差异。首先，注意和单高斯不同，分布概率是 K 个高斯分布的和，每个高斯分布有属于自己的 μ 和 σ 参数，以及对应的权重参数 ϕ_i。权重值必须为正数，所有权重的和必须等于 1，以确保公式给出的数值是合理的概率密度值。换句话说，如果我们把该公式对应的输入空间合并起来，结果将等于 1。[1]

　　回到之前的例子，女性在身高分布上通常要比男性低，如果画成分布图的话将如图 2.11 所示。

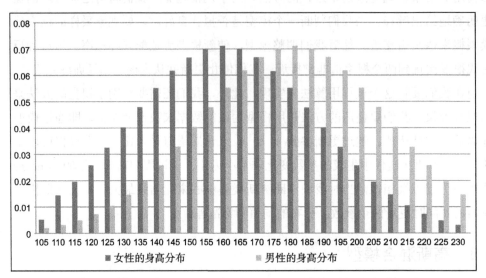

图 2.11   男性和女性身高的概率分布图。注意，这些概率是在已知性别的前提下计算出的：因此，假如我们已知一个特定的用户是女性，她拥有特定身高区间的概率值可以从图中的 y 轴读到。

　　图 2.11 中所示的 y 轴给出的概率值，是在我们已知每个用户性别的前提下被计算出来的。通常情况下我们并不能掌握这个信息（也许在采集数据时没记录），因此我们不仅要学习出每种分布的参数，还需要生成性别的划分情况（φ_i）。当决定期望值时，需要通过使用权重值分别生成男性和女性的相应身高概率值并相加来生成。

　　注意，虽然现在模型相对复杂了，但是仍然可以使用与之前相同的技术进行模型训练。在计算期望值时（很可能通过已被混合的数据生成），可以使用 2.4.3 节所示的公式。我们只需要一个更新参数的最大化期望策略。让我们使用 scikit-learn 来介绍参数更新的计算方法。

2.4.4   高斯混合模型的学习实例

　　在前面非常简单的例子里我们使用了一维的高斯模型，即只有一个特征（身高）。但高斯分布不仅局限于一维，而是可以很容易地通过将均值扩展为向量，将标准差

---

[1]   与之前的公式不同，当时参数在等式左侧以显式的方式表示。而在这里，参数被省略和隐含了。

扩展为协方差矩阵的方式，用 n 维的高斯分布来描述任意多维的特征。为了演示实际的使用方法，我们回到有 4 个特征的 Iris 数据集。在清单 2.6 中我们展示了如何通过 scikit-learn 的高斯混合模型来运行聚类并对结果进行可视化展示。

清单 2.6　使用高斯混合模型对 Iris 数据集进行聚类

```python
from sklearn.mixture import GMM
from sklearn import datasets
from itertools import cycle, combinations
import matplotlib as mpl
import matplotlib.pyplot as pl
import numpy as np

# make_ellipses method taken from: http://scikit-
# learn.org/stable/auto_examples/mixture/plot_gmm_classifier.html#example-
# mixture-plot-gmm-classifier-py
# Author: Ron Weiss <ronweiss@gmail.com>, Gael Varoquaux
# License: BSD 3 clause
def make_ellipses(gmm, ax, x, y):
    for n, color in enumerate('rgb'):
    row_idx = np.array([x,y])
    col_idx = np.array([x,y])
        v, w = np.linalg.eigh(gmm._get_covars()[n][row_idx[:,None],col_idx])
        u = w[0] / np.linalg.norm(w[0])
        angle = np.arctan2(u[1], u[0])
        angle = 180 * angle / np.pi  # convert to degrees
        v *= 9
        ell = mpl.patches.Ellipse(gmm.means_[n, [x,y]], v[0], v[1],
                                  180 + angle, color=color)
        ell.set_clip_box(ax.bbox)
        ell.set_alpha(0.5)
        ax.add_artist(ell)

iris = datasets.load_iris()

gmm = GMM(n_components=3,covariance_type='full', n_iter=20)
gmm.fit(iris.data)

predictions = gmm.predict(iris.data)

colors = cycle('rgb')
labels = ["Cluster 1","Cluster 2","Cluster 3"]
targets = range(len(labels))

feature_index=range(len(iris.feature_names))
feature_names=iris.feature_names
combs=combinations(feature_index,2)

f,axarr=pl.subplots(3,2)
axarr_flat=axarr.flat

for comb, axflat in zip(combs,axarr_flat):
    for target, color, label in zip(targets,colors,labels):
        feature_index_x=comb[0]
```

```
    feature_index_y=comb[1]
    axflat.scatter(iris.data[predictions==target,feature_index_x],
iris.data[predictions==target,feature_index_y],c=color,label=label)
    axflat.set_xlabel(feature_names[feature_index_x])
    axflat.set_ylabel(feature_names[feature_index_y])
    make_ellipses(gmm,axflat,feature_index_x,feature_index_y)
pl.tight_layout()
pl.show()
```

清单 2.6 中的代码有很大部分与清单 2.5 中对 k-means 算法进行可视化的代码相似，主要区别在于：

- 使用 `sklearn.mixture.GMM` 代替 `sklearn.cluster.KMeans`。
- 定义和使用 `make_ellipses` 方法。

你会注意到，前者在模型初始化时几乎是一样的，唯一的区别在于额外的一些参数，让我们看一下，在初始化 GMM 算法时，传入了以下参数：

- `n_components` ——混合的高斯分布的数量。之前的例子里是两个。
- `covariance_type` ——约定协方差矩阵的属性，即高斯分布的形状。参考下面文档来具体了解相关内容：http://scikit-learn.org/stable/modules/mixture.html。
- `n_iter` —— EM 的迭代运行次数。

因此实际上两个代码片段非常相似，唯一新增的决策变量是方差间的关系（协方差），它会影响聚类结果的形状。

其余的代码由 `make_ellipses` 方法来构成，帮助我们通过图形化的方法来了解 GMM 的输出结果。你可以从 scikit-learn 的技术文档中找到相应的代码，清单 2.6 中的代码对应的输出在图 2.12 中进行了展示。

图片显示的是四维的高斯混合模型的输出结果。通过 `make_ellipses` 方法[1]，我们将三个四维的类簇结果在两两特征组合形成的二维平面上进行投射。

`make_ellipses` 方法在概念上很简单，它将 gmm 对象（训练模型）、坐标轴（对应图 2.12 中每张图中的横纵坐标）以及 x 和 y 坐标索引（与四维点投射缩减相关）作为参数，运行后不返回值，而是基于指定的坐标轴绘制出相应的椭圆图形。

---

[1]　Ron Weiss and Gael Varoquaux, "GMM classification," scikit-learn, http://mng.bz/uKPu.

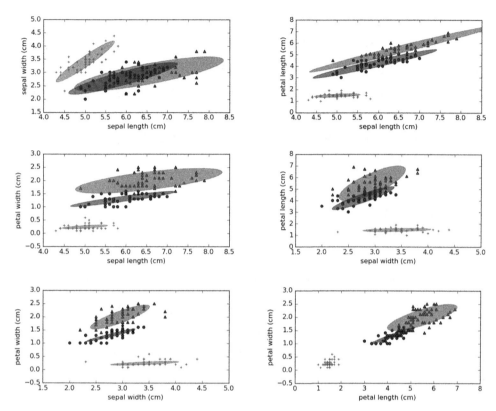

图 2.12 程序清单 2.6 的输出。每张小图展示了对 Iris 数据集的四维高斯聚类结果在二维空间上的映射图。图中各种颜色的类簇展示了四维高斯分布在二维空间中的图形。

有关 make_ellipses 的说明

make_ellipses 来源于 plot_gmm_classifier 方法，由 scikit-learn 的作者 Ron Weiss 和 Gael Varoquaz 所编写。根据协方差矩阵绘制的二维图形，可以找出方差最大和其次大的坐标方向，以及相对应的量级。然后使用这些坐标轴将相应的高斯分布的椭圆图形绘制出来。这些轴方向和量级分别被称为特征向量（eigenvectors）和特征值（eigenvalues），将在 2.6 节中进行详细介绍。

2.5 k-means和GMM的关系

k-means 算法可以被视为高斯混合模型（GMM）的一种特殊形式。整体上看，高斯混合模型能提供更强的描述能力，因为聚类时数据点的从属关系不仅与近邻相关，还会依赖于类簇的形状。

n 维高斯分布的形状由每个类簇的协方差来决定。在协方差矩阵上添加特定的约束条件后，可能会通过 GMM 和 k-means 得到相同的结果。

在实践中，如果每个类簇的协方差矩阵绑定在一起（就是说它们完全相同），并且矩阵对角线上的协方差数值保持相同，其他数值则全部为 0，这样能够生成具有相同尺寸且形状为圆形的类簇。在此条件下，每个点都始终属于最近的中间点对应的类簇。试试看吧！

在 k-means 方法中使用 EM 来训练高斯混合模型时对初始值的设置非常敏感。而对比 k-means，GMM 方法有更多的初始条件要设置。在实践中，不仅初始类簇中心要指定，而且协方差矩阵和混合权重也要设置。对比其他策略，[1] 我们可以运行 k-means 来生成类簇中心，并以此作为高斯混合模型的初始条件。

由此可见，并没有什么特别神奇的地方，两个算法有相似的处理过程，主要区别在于模型的复杂度不同。整体来看，所有聚类算法都遵循一条简单的模式：给定一系列数据，你可以训练出一个能够概括描述这些数据规律的模型（并期望潜在过程能生成数据）。训练过程通常要经过反复迭代，直到无法再优化参数获得更贴合数据的模型为止。

2.6　数据坐标轴的变换

到目前为止，我们集中分析了在原始特征空间里的聚类数据，但是是否能够将特征空间变换得更合适——也许只需要更少的特征就能对潜在的结构进行很好的描述呢？

通过被称为主成分分析（Principal Component Analysis，简称 PCA）的方法是可以实现这个目标的，该方法通过将数据中方差最大的方向作为数据坐标轴来进行空间变换（区别于采用 *y*=0、*x*=0 的标准的 *x*-*y* 轴的空间）。而轴方向由数据的特征向量来生成，各自方向上的数值转换则由对应的特征值来决定。在下面的章节里我们先详细介绍概念，再展示 PCA 在 Iris 数据集中的应用示例，你将看到怎样将特征数量从 4 减少到 2 的同时，在新特征空间里对 Iris 数据的聚类能力不会受到损失。

---

[1]　Johannes Blomer and Kathrin Bujna, "Simple Methods for Initializing the EM Algorithm for Gaussian Mixture Models," 2013, http://arxiv.org/pdf/1312.5946.pdf.

2.6.1 特征向量和特征值

特征向量和特征值[1]都是正方形矩阵（即行数和列数相同的矩阵）的特有属性，它们是矩阵的十分特别和精妙的描述方法。在本节中，我们将先提供这些名词的直观解释，再用数据集来演示其描述能力。特征向量和特征值的数学定义方法如下：

$$\mathbf{Cv} = \lambda\mathbf{v}$$

其中 $\mathbf{C}$ 是正方形矩阵（行列数量相同），$\mathbf{v}$ 是特征向量，λ 是该特征向量对应的特征值。这个公式初看起来可能有些费解，但是做一些解释后你就会理解它的强大之处。

假设矩阵 $\mathbf{C}$ 和二维空间里的剪切变换相关，因此是 2×2 的矩阵。从根本上来讲，对任意的二维数据集，$\mathbf{C}$ 可以被用于对每个数据点进行剪切变换来生成相应的一个新数据集。

因此你要做的是解方程，在给定 λ 时，能否找到一系列满足当对剪切矩阵 $\mathbf{C}$ 进行变换时保持不变的向量（轴方向）？答案是：能找到！但这又意味着什么？为什么这很重要？

仔细思索一下，你可能会领悟到，我们在想办法获得一种便捷、压缩的形式来进行剪切变换。特征向量集合描述了不会受剪切作用影响的方向。而特征值又代表什么呢？特征值意味着剪切作用在该方向上的强度，也就是操作的量级，因而特征值衡量了所对应方向的重要性。我们只需记录特征向量和若干最大的特征值就能把主要的剪切矩阵的操作都记录下来。

2.6.2 主成分分析

主成分分析[2]通过使用特征向量/特征值的特殊分解操作来获取数据集的主成分（principal components）。给定一个具有 n 维特征的数据集，可以获得形如右图所示的协方差矩阵。

$$\begin{bmatrix} x_{11} & x_{12} & \cdots & x_{1n} \\ x_{21} & x_{22} & \cdots & \cdots \\ \cdots & \cdots & \cdots & \cdots \\ x_{n1} & \cdots & \cdots & x_{nn} \end{bmatrix}$$

该矩阵描述了数据集中每个特征和其余特征之间两两的方差关系：即 x_ix_j 表示特征 i 和特征 j 间的协方差，这可以理解为数据

---

[1] K. F. Riley, M. P. Hobson, and S. J. Bence, *Mathematical Methods for Physics and Engineering* (Cambridge University Press, 2006).

[2] Jonathon Shlens, "A Tutorial on Principal Component Analysis," eprint arXiv:1404.1100, 2014.

集的方差的形状和大小的衡量标准。你是否发现了矩阵形状的规律？因为每个特征都需要和其他所有特征计算方差，所以该协方差矩阵始终是正方形的，即行和列的数量相同。在本例中它们都等于特征的数量 n。

你是否还能发现矩阵的其他规律？没错，这个矩阵是对称的！因为 $x_i x_j = x_j x_i$，所以如果沿对角线翻转矩阵，则矩阵仍然保持不变。牢牢记住这两个特性，因为在后面很多时候它们都会起作用。

让我们再回顾一下协方差矩阵所表达的含义，请记住它衡量了数据集变化的形状和大小。那么如果对协方差矩阵计算特征向量和特征值我们将能得到什么呢？我们可以这样用一个相关的变换（Cholesky 分解 [1]）来理解协方差矩阵，该变换对数据集进行随机的高斯采样（此时协方差矩阵对角线上的元素为 1，即 $x_{ij} = 1$，$i = j$ 其他所有元素为 0），然后把数据分布情况按与之前相同的方式输出。在这种变换下，协方差矩阵的特征向量保持不变，因而也被称为数据集的主成分。更进一步，因为协方差矩阵是对称矩阵，所以矩阵的（非 0）特征向量相互之间是正交的！图 2.13 给出了直观展示。

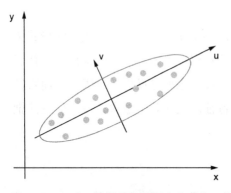

图 2.13　一个二维特征集的两个主成分。特征向量 u 拥有最大的特征值，因为它提供了数据方差的最大的分布方向。向量 v 拥有相对较小的特征值。这两个向量相互正交，也就是指两个向量夹角为 90°。总体来讲，高维空间中任意两个特征向量之间的点乘积始终为 0。

这个分解最棒的地方是可以把每个数据点表示为特征向量集合的线性组合（因为它们是正交的）。对高维数据点来说，该方法可以进行数据压缩，因为对每个数据点，现在只需要记录它和主要的特征向量之间的距离就能表示它。通常我们只需要用最主要的 2 到 3 个特征向量就能描述数据集的主要方差方向，因此对任意高维

1　Claude Brezinski, "The Life and Work of Andre Cholesky," *Numer. Algorithms* 43 (2006):279-288.

的数据点现在只需要用 2 到 3 维的向量就能表示了。

2.6.3 主成分分析的示例

理解了特征向量、特征值、PCA 的概念后，我们动手将理论用在实际数据上。和之前类似，我们使用 Iris 数据集和 scikit-learn 软件包来演示，代码如清单 2.7 所示。

清单 2.7 对 Iris 数据集的主成分分析

```
import numpy as np
import matplotlib.pyplot as pl

from sklearn import decomposition
from sklearn import datasets
from itertools import cycle

iris = datasets.load_iris()
X = iris.data
Y = iris.target

targets = range(len(iris.target_names))
colors = cycle('rgb')

pca = decomposition.PCA(n_components=2)
pca.fit(X)

X = pca.transform(X)

for target,color in zip(targets,colors):
    pl.scatter(X[Y==target,0],
               X[Y==target,1],
               label=iris.target_names[target],c=color)

pl.legend()
pl.show()
```

❶ 初始化一个包含两个主成份的PCA分解矩阵

❷ 适配数据：处理特征向量分解

❸ 将数据集进行映射转换，因为我们只选择保留两个主成份，因此转换后将变为两个维度

❹ 为每个Iris类别，在新的主成份坐标轴上打印出主成份点（用不同的颜色）

对 Iris 数据的 PCA 变换的结果在图 2.14 中进行了展示。和之前类似，首先将 Iris 数据集加载进内存，然后初始化一个包含两个主成分的 PCA 分解器。到目前为止，我们准备好了后续操作的 Python 对象，但分解操作还尚未进行（数据还没有传进去）。接下来的步骤我们使用了 `fit` 操作❷来进行数据轴的变换。

运行这行 `fit` 代码时，会首先通过 Iris 数据集计算生成出 4×4 的协方差矩阵（方阵），用于特征向量的产生。紧接着进行密集的运算来寻找数据方差最大的一些方向。接下来的一行代码的功能是将变换后的数据投射到新的数据轴上❸，此时原始数据已经被两个最大特征值对应的特征向量的组合来表示了（因为在❶中我们设置了主

成分的数量为 2）。对变换后的输出数据打印后如图 2.14 所示❹。很明显，图中的 x 轴（$y=0$）和 y 轴（$x=0$）分别是数据分布变化最大和次大的两个方向（在 Iris 的四个特征方向中）。图中数据点的位置对应于原始数据在数据轴上相应的距离，这样我们将一个四维数据集成功地降维为二维，同时在新数据空间里保留了绝大部分数据分布的特性。

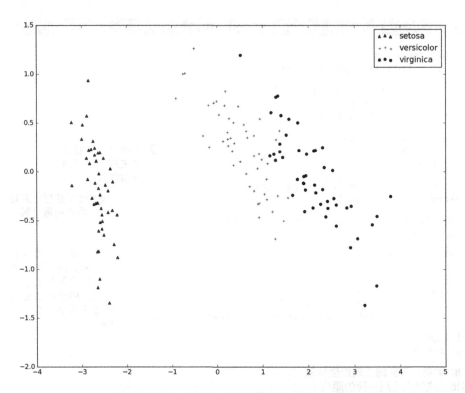

图 2.14　对 Iris 数据集使用前两个特征向量进行特征分解。x 轴表示拥有最大数据方差的方向，这是第一个特征向量，对应的特征值是该数据中最大的。y 轴是第二个特征向量，对应的特征值是数据中次大的。从原始数据中转换后，将数据点打印在由这两个特征向量为新的轴构成的空间上。

主成分分析是一个非常强大的工具，在确保最大保留数据区分能力的前提下，让你能更高效地表达数据。尽管本书演示中仅使用了非常简单的数据集，但是该方法可以、而且经常用于真实世界的数据——作为分类或回归问题的预处理操作。本书后续还将对其继续进行介绍。另外，需要留意的是，当数据集的特征数量增加时，该方法的运算复杂度会迅速增加，因此在运行 PCA 前先把冗余和不相干的特征去掉，会很有价值。

2.7 本章小结

- 偏见是指数据系统性的偏差，会影响数据集中所有的元素；而噪声则是指围绕真实数值而随机分布的一些额外的信息。

- 特征空间是指由给定数量的特征所构成的可容纳所有特征向量的空间。我们介绍了维度诅咒：从现象中抽取的特征数量越多，用来描述现象所必需的数据点的数量就越多。机器学习的实践者一定要从这两个因素中选好平衡点。特征太多的话，会很难采集到足够多的数据点来对所调查的现象进行有效描述；而特征太少的话，现象又难以被有效捕捉。

- 我们仔细分析了数据的结构，对 k-means 算法和高斯混合模型进行了深入讲解。这两个算法在实践中都有很好的效果，我们也分析了两者间的关系。这显示在机器学习中，在特定的约束条件下，很多算法是可以蜕变为等同的。

- 期望最大（EM）是通过一系列迭代运算对模型进行数据拟合的一类通用算法。首先计算模型与数据的期望值，然后对模型进行少许调整以使得新模型能更好地适配数据。这个过程使得训练样本里潜存的原始数据分布能逐步被学习出来。

- 算法与数据一样都很重要！如果从现象中采集的特征的描述能力不足，即使再强的机器学习算法也很难获得满意的结果。因此实践中很有必要对冗余和不相干的特征进行去除，在不过多牺牲区分能力的前提下尽可能缩小数据集的规模。基于完全一样的数据集，通过这种操作往往能够提升效果。为此目的，我们介绍了主成分分析方法，验证了该方法能在不牺牲原始数据集分布特性的同时，有效地从众多特征中萃取出精华部分。

推荐系统的相关内容

本章要点

- 掌握基于用户、物品和内容的推荐引擎
- 针对朋友、文章和新闻报道的推荐方法
- 搭建与 Netflix 类似的推荐系统网站

在当今世界里，我们被各种各样的选择所困扰，生活中的方方面面都面临着大量的选择。我们每天都需要做出各种决定，从挑选汽车到家庭影院系统，从寻找自己的心仪伴侣，到选择律师或会计师，从书籍、报纸到维基百科和博客。此外，我们还经常被信息轰炸——有时甚至是垃圾信息！在这样"恶劣"的环境下，如果能通过推荐来做出合适的选择是多么有价值啊！而且这个推荐如果还切合用户偏好的话，这样的能力就更加宝贵了。

在影响你所做的选择这件事情上，没有谁会比广告公司对优质结果更感兴趣的了。这些公司存在的理由就是说服你，让你觉得真的需要某项产品或某种服务。但假如你对这些产品或服务丝毫不感兴趣的话，那么不单是你感觉到被骚扰，对这些公司来说也是在浪费时间。传统的广告形式（比如广告牌、电视广告和收音机广告）的传播方法就会带来上述问题。传统广告的目标是通过不断重复相同的消息来影响你的喜好。而另外一种更让人易于接受并更有效的替代方法就是来迎合你的喜好，诱导你去选择符合个人需求和愿望的产品，这就是单纯的网络世界与基于互联网的智能广告业务的区别。

在本章中，我们将介绍建立一个推荐引擎所需要的全面的知识。你将会学习到协同过滤（collaborative filtering）和基于内容的推荐引擎。本章我们将会以在线电影商店中的电影推荐问题作为例子，并对其加以总结提炼，以使得所讲解的方法可以推广到其他的应用场景里去。

在线电影商店虽然是一个简单的例子，但是足够具体和详细，有助于我们理解在构建一个推荐引擎的过程中所需的基本概念。我们将详细介绍用户之间相似度的定义，以及如何使用该相似性度量方法来应用于推荐系统。我们还将进一步深入探讨一种更复杂的被称为奇异值分解（Singular Value Decomposition，简称SVD）的技术，该技术利用数据中的隐式关系将用户和电影聚合在一起。在本章结束时，你将有能力在大型数据集上开发推荐系统，并了解实现这一目标的不同机制。

一旦掌握了在线电影商店的所有基本概念之后，我们将展示更为复杂的一些案例让学习变得更丰富有趣。例子的内容将涵盖在线电影租赁、网络书店和互联网电子商务中至关重要的各种推荐引擎。

3.1　场景设置：在线电影商店

假设你有一个在线电影商店，通过电影下载和在线播放实现销售或赢利。用户注册后登录系统，然后可以观看已有电影的预告片。如果用户喜欢上了某部电影，他可以将影片添加到购物车，以便后面离开商店时付费购买。很自然的，当用户购买完成时，或者用户访问应用程序页面时，你都会想向他们推销更多的电影。电影和电视节目有数百万，并且分属于很多不同的类别，另外，很多人对他们不喜欢的影片和节目很敏感，所以当你为用户展示内容时，需要精准投放用户喜欢的，避开他们讨厌的。如果这听起来很难，不用担心，推荐引擎可以帮你向用户提供合适的内容。

推荐引擎通过挖掘用户历史的行为偏好，来判断用户对未曾看过的物品的喜好程度。我们可以通过对比用户喜好与物品的特征间的相似度（similarity），来确定用户喜欢什么类型的内容以及喜欢的程度。更有创意的想法是，可以基于用户观看电影或电视节目时的口味相似度，在该网站上帮助用户建立社交网络。你很快会发现这其中最为关键的事情就是如何定义两个（或更多）用户或物品之间的相似度，相似度也是推荐引擎至关重要的一个环节，稍后我们会用其来构建推荐引擎。

3.2　距离和相似度

现在让我们通过一些数据来开始理解推荐引擎的一些概念，在接下来的内容里，物品（item）、用户（user）和评分（rating）这三个概念是基础。相似度是推荐引擎里的一种度量方式，计算两个物品的相似度就好比计算两个城市之间的地理距离，距离大小代表了城市间地理上的接近程度，因此距离和相似度的区别仅仅在于参考框架或坐标空间不同。两个地理位置上很接近、空间距离很小的城市，可能在文化差异上很大，因为如果从两地人们兴趣和习惯间的距离的角度来看可能很大。总之，如果使用不同的坐标空间，相同的距离公式也许会计算出不同的相似度。

对于两个城市而言，可以使用它们的经度和纬度作为空间坐标来计算它们地理上的接近度。现在如果把评分作为物品或用户空间的坐标，让我们看看此时各个概念的情况。表 3.1 展示了我们选取的三个用户、电影（物品）列表以及他们对相应电影给出的评分，评分范围通常在 1~5（含）之间。前两个用户（Frank 和 Constantine）的评分是 4 或 5——这两位是真心喜欢我们所选的电影啊，但第三个用户（Catherine）的评分在 1~3 之间。很明显，我们认为前两个用户是相似的，同时与第三个用户不相似。当我们用脚本加载示例数据时，可以获得如表 3.1 所示的用户、电影和评分。

表 3.1　用户评分表显示，相比 Frank 和 Catherine，Frank 和 Constantine 在喜好上更一致。数据来自 MovieLens 数据库，经授权后我们进行了修改。[a]

用户	电影	评分
0: Frank	0: Toy Story	5
	1: Jumanji	4
	2: Grumpier Old Men	5
	3: Waiting to Exhale	4
	4: Father of the Bride Part II	5
	5: Heat	4
	6: Sabrina	5
1: Constantine	0: Toy Story	5
	2: Grumpier Old Men	5
	4: Father of the Bride Part II	4

续表

用户	电影	评分
	5: Heat	5
	7: Tom and Huck	5
	8: Sudden Death	4
	9: Goldeneye	5
2: Catherine	0: Toy Story	1
	2: Grumpier Old Men	2
	3: Waiting to Exhale	2
	6: Sabrina	3
	9: Goldeneye	2
	10: American President, The	1

a. GroupLens Research, MovieLens dataset, http://grouplens.org/datasets/movielens/.

首先，让我们根据用户对不同电影的评分来分析这些用户间的相似度。下面的清单 3.1 所示的是相应的代码。我们使用了 MovieLens 数据集缩减后的版本，包含了表 3.1 中 11 部电影的评分，这些数据文件可以从本书相关的资源中找到。

清单 3.1   基于用户对电影的评分来计算用户间的相似度

```
dat_file = 'ratings-11.dat'
item_file = 'movies-11.dat'

names = ['Frank','Constantine','Catherine']

userdict = read_user_data_from_ratings(dat_file)     使用内置方法
itemdict = read_item_data(item_file)                 读取数据

similarity(0,1,sim_type=0)
similarity(0,1,sim_type=1)     两种度量方法下的，Frank和
similarity(0,2,sim_type=0)     Constantine的相似度
similarity(1,2,sim_type=0)
similarity(2,1,sim_type=0)
similarity(0,0,sim_type=0)     两种度量方法下的，Frank
similarity(0,0,sim_type=1)     和他自己的相似度
```

我们提供了两种相似度的定义，通过清单 3.1 中引入的相似度计算方法，调整第三个参数的值来计算两种相似度。

后续我们将介绍该代码的实现细节，现在让我们首先看一下图 3.1，它显示了在仅考虑评分情况下对三个用户的对比结果。可以清楚地看到，相比于 Catherine 的电影喜好，Frank 和 Constantine 的口味更加相似。

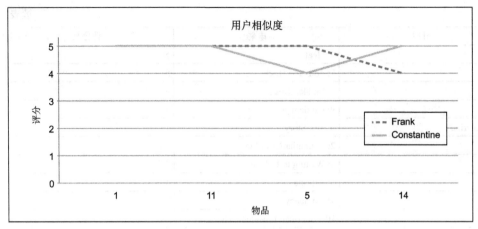

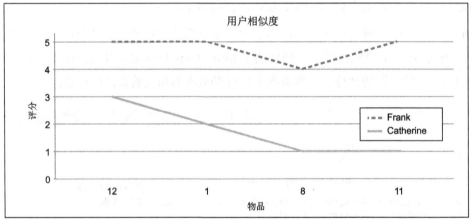

图 3.1　两个用户之间的相似度可以通过计算图中两条曲线间的重叠程度（如果有）来度量，可以看出，Frank 和 Constantine（上）比 Frank 和 Catherine（下）更相似。

　　两个用户间的相似度与相似度计算方法中参数传递的顺序没有关系。Frank 与自己的相似度等于 1.0，这是任意两个实体之间相似度的最大值。这个属性源自的事实是，很多相似性度量方法是基于距离的，类似高中时你学到的平面上两点之间的几何距离。通常数学距离的计算有以下 4 个重要特性：

- 距离始终满足大于或等于零。大多数情况下，和距离一样，相似度的值被限制为非负。实际我们限定相似度的值在区间 [0,1] 内。
- 任何两个点 A 和 B，当且仅当 A 与 B 是相同的点时，其距离等于 0。基于我们的相似度计算方法，该特性体现在例子中是：当两个用户的评分完全相同时，他们间的相似度等于 1.0。通过运行清单 3.1 中的代码，可以证明在两次输入相同的用户时相似度为 1.0。当然也可以创建第 4 个用户，如果他和已有用户有相同的观看数据，同样将得到相似度为 1.0。

- 距离的第三个特性是对称性——A 和 B 之间的距离与 B 和 A 之间的距离完全相同。这意味着，如果 Catherine 与 Constantine 的电影喜好相似，则反过来也是成立的，因为两个相似度的数值完全相同。通常我们希望在输入参数计算时，相似度始终能保持对称性。

- 数学距离的第 4 个特性是三角不等式，因为它涉及三个点之间的距离。用数学符号来描述，如果 d(A, B) 表示 A 点和 B 点之间的距离，则三角不等式是指：对于任意第三点 C，始终满足不等式 d(A, B) ≤ d(A, C)+d(C, B)。根据清单 3.1 的输出，Frank 和 Constantine 的相似度为 0.391，Constantine 和 Catherine 相似度为 0.002，而 Frank 和 Catherine 的相似度为 0.006，这小于前两个相似度的总和，此时三角不等式成立。但是请注意，这个特性在不同的相似度计算方法时未必一定成立。

当从距离过渡到相似度计算时，放宽对第 4 条基本特性的限制是一种较好的做法，因为将距离的这个特性引入到相似度计算上来并没有特别的必要。你应该谨慎地确保所引入的数学公式合乎情理。举一个流传百年的有关三角不等式的悖论，William James[1] 提出："火焰和月亮是相似的，因为它们都是发光的；月亮和一个球是相似的，因为它们都是圆的，但与三角不等式相矛盾，火焰和球不是相似的"。对认知和相似度感兴趣的读者，我们推荐你阅读 W.K. Estes 的著作《分类与认知》（*Classification and Cognition*）。[2]

在图 3.1 中，我们绘制了三个用户的评分图形，用直观的方式来呈现相似度。两条评分曲线越接近表示用户越相似；反之，曲线相离越远则相似度越低。在图 3.1 的上图中可以看到，Frank 和 Constantine 的曲线很接近，展示了其相似度。在图 3.1 的下图中展示了 Frank 和 Catherine 的评分，线条发散并且相距很远，这与我们在计算时得到的低相似度的结论是一致的。

图 3.1 中的评分曲线清晰地展示了距离和相似度之间天然的负相关性。两条曲线之间的距离越大，意味着用户之间的相似度越小；两条曲线之间的距离越小，则

---

[1]   William James, *Principles of Psychology* (Holt, 1890).

[2]   W. K. Estes, *Classification and Cognition* (Oxford University Press, 1994).

用户之间的相似度越大。正如你将在下一节中看到的，相似度的计算通常都会涉及某种距离的计算，尽管这并非是必需的。距离与相似度都是源自度量这个概念的特殊例子，其中距离的概念对我们来说更为熟悉一些

3.2.1　距离和相似度的剖析

现在，让我们来看一下计算用户之间的相似度的代码，以帮助理解相似度的值是如何计算出来的。清单 3.2 中的代码详细展示了相似度的计算方法，包括三个参数：用于比较的两个用户 ID，以及所使用的相似度类型。

清单 3.2　计算两个用户之间的相似度

```
def similarity(user_id_a,user_id_b,sim_type=0):
    user_a_tuple_list = userdict[user_id_a].get_items()
    user_b_tuple_list = userdict[user_id_b].get_items()
    common_items=0
    sim = 0.0
    for t1 in user_a_tuple_list:
        for t2 in user_b_tuple_list:
            if (t1[0] == t2[0]):
                common_items += 1
                sim += math.pow(t1[1]-t2[1],2)
    if common_items>0:
        sim = math.sqrt(sim/common_items)
        sim = 1.0 - math.tanh(sim)
        if sim_type==1:
            max_common = min(len(user_a_tuple_list),len(user_b_tuple_list))
            sim = sim * common_items / max_common
    print "User Similarity between",
        names[user_id_a],"and",names[user_id_b],"is", sim
    return sim                          ←—— 如果没有公共项，则返回零
```

这段代码中包括了两个相似度的计算公式，可见相似度的概念是相当灵活和可扩展的。让我们来看一看相似度计算公式中的基本步骤。首先，对被用户共同评过分的电影，计算这些评分间的差值，然后对其求平方之后再求和，该值的平方根称为欧氏距离（也叫 Euclidean 距离）；但这并不足以作为相似性的度量值：

$$d_{a,b} = \sqrt{\sum_i \left(rating_{a,i} - rating_{b,i} \right)^2}$$

该等式定义了用户 a 和用户 b 之间的欧式距离 $d_{a,b}$。它表示用户对相同电影的评分之差的平方和的平方根，其中，$rating_{a,i}$ 表示用户 a 对电影 i 的评分。

如前所述，距离和相似度的概念在某种程度上是负相关的，就此而言，欧式距离越小则两个用户就越相似。我们先来做一次简单的尝试：把 1 加到欧式数值里，然后将其倒置来生成相似度得分。这将起到的效果是，距离值越大则得分越小，反之亦然。它还将确保如果距离为 0，返回的相似度为 1.0。

乍看之下，倒置距离（加上常数 1 避免分母为 0）这种朴素的方式似乎是可行的，但这个看似细小的修改其实是有缺陷的。如果两个用户都只看过一部电影，其中一位给电影评分为 1，另一位评分为 4，此时评分差值的平方和为 9.0。按上述欧式距离的计算方法，此时相似度值为 0.25。另一种情况也可以得到这个相似度值：两个用户都观看了三部电影，并且他们对每部电影的评分差值都是 1，根据上述相似性度量方法，相似度也是 0.25。直观上看，我们期望后面这种情况算出的相似度比前一种情况下的更高，因为前一种情况下他们只有一个共同的电影且评分相差了 3 分（最大 5 分）。

这种朴素的相似度公式"削弱"了数值小的距离的效应（因为我们加了 1），却没有考虑对数值大（远大于 1.0）的距离几乎没有作用。如果我们改为加另一个值呢？朴素相似度的通用公式是 $y = beta/(beta + x)$，其中 $beta$ 是我们的自由参数，x 是欧式距离。图 3.2 展示了参数 $beta$ 取值由 1.0 到 2.0 时，朴素相似度取值的不同形式。

先把朴素相似度的缺陷记在心里，让我们看看清单 3.2 中计算两个用户之间相似度的第一种（默认的）定义方式，即 sim_type=0。如果用户有一些共同评过分的电影，我们将评分差值的平方和除以这些电影的数量，再取平方根，然后将该数值输入给一个特定的函数，该函数称为双曲正切函数（hyperbolic tangent function）。最后用 1.0 减去双曲正切函数的返回值，以使得最终相似度的取值范围在 0.0 到 1.0 之间，其中 0.0 表示完全不相似，1.0 表示最相似。太棒了！我们已经得到了基于评分的用户相似度的第一种定义。

清单 3.2 中相似度的第二种定义，即 sim_type=1，对前一种相似度方法进行了一些改进，考虑了公共物品的数量与所有可能的公共物品数量的比率。这个改进从直觉上看很有意义：如果我看了 30 部电影，你看了 20 部电影，我们最多共同观看 20 部电影。但实际上，我们只有 5 部共同观看的电影，我们都认为这些电影很好看。但为什么我们没有更多的共同电影呢？难道这不也一定程度上体现了我们的相似度？这正是我们试图在第二种相似度公式中力求反映的问题。换句话说，我们共同观看过的电影的数量应当在某种程度上影响我们的相似度。

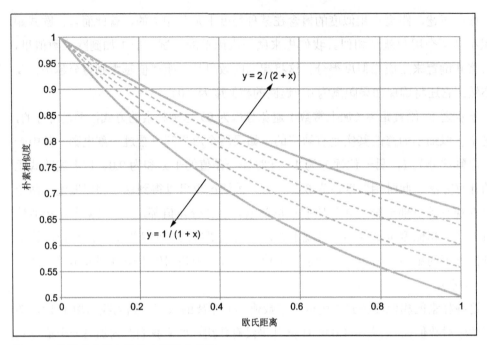

图 3.2　基于欧式距离的朴素相似度曲线。

3.2.2　最好的相似度公式是什么

　　到目前为止，大家已经很清楚地知道我们可以使用很多不同的公式来计算两个用户或两个物品之间的相似度。除了前面介绍的两种计算相似度的方法之外，我们还可以使用被称为 Jaccard 相似度（Jaccard similarity）的度量公式，其中物品的 Jaccard 相似度定义为物品集合间的交集除以物品集合间的并集；用户的 Jaccard 相似度定义为用户集合间的交集除以用户集合间的并集。换句话说，两个集合 A 和 B 之间的 Jaccard 相似度由下式定义：*intersection(A,B) / union(A,B)*。

　　当然你可能很自然地会想到："究竟哪个相似度公式更合适呢？"答案一如既往是："看情况而定"。在这里，答案取决于你的数据分布情况。通过对相似度公式的几次大规模对比，[1] 其中出现了一次，简单欧式距离的相似度方法在 7 个相似度公式中取得了最佳的实验结果，虽然其他公式事实上更精细和直观并且预期表现更好。

---

[1]　Ellen Spertus, Mehran Sahami, and Orkut Buyukkokten, "Evaluating Similarity Measures: A Large-Scale Study in the Orkut Social Network," Proceedings of KDD 2005.

这次评估是基于 2004 年 9 月 22 日至 2004 年 10 月 21 日在社交网站 Orkut 上的相关社群推荐的 1,279,266 次点击数据。

我们不建议你随意地选择相似度计算方法，但如果你时间紧迫，请优先考虑欧式或 Jaccard 相似度计算方法，它们应该会给出不错的结果。你应该尽力去了解你的数据本质，以及两个用户或两个物品间相似的含义。如果你不理解一个特定的相似度公式为什么好或坏的原因，那会非常麻烦。为了解释这一点，想象一个我们常有的误解"两点之间的最短路径是连接它们的一条直线"。这种说法只适用于所谓的平面几何（flat geometries），如足球场。为了说服你自己，请比较一下翻过一座高且狭窄的山丘与绕着山脚走过去的距离，这时"直线"就不再是最短路径了。

总之，推荐系统的基石之一是度量任意两个用户或物品之间的相似度的能力，我们已经为你提供了很多现成可用的相似性度量方法，电影商店的例子也展示了在搭建推荐系统时典型的数据结构。现在我们将继续尝试其他类型的推荐引擎，并了解它们的工作方式。

3.3　推荐引擎是如何工作的

深入理解了两个用户或物品之间的相似度的意义后，下面我们继续探讨推荐引擎。整体来看，推荐引擎可以分两大类。第一类方法是基于对物品、用户或两者的内容的分析方法。这种基于内容的方法的主要特点是积累和分析与用户和物品相关的信息，这些信息可以由软件系统或外部资源来提供。系统可以通过问卷调查的回答来显式地（explicitly）收集用户的信息，或者对用户资料、新闻阅读习惯、电子邮件、博客等挖掘，来隐式地（implicitly）收集用户的信息。我们不会详细讨论这类推荐引擎，因为它需要针对特定应用进行大量人工设计。

第二类方法被称为协同过滤（Collaborative Filtering，简称 CF）。协同过滤首次出现在（1992 年前后）Xerox Palo Alto 研究中心（PARC）[1] 开发的邮件实验系统中，协同过滤依靠用户与软件系统交互时留下的行为信息来运作。通常这些行为信息是用户评分，类似上一节中所介绍的电影评分。协同过滤并不限于一维的或离散的变量；其主要特点是依赖于用户过去的行为，而不是用户感兴趣的物品的内容，因此

---

[1] David Goldberg et al., "Using Collaborative Filtering to Weave an Information Tapestry," *Communications of the ACM* 35, no. 12 (December 1992), http://mng.bz/eZpM.

协同过滤构造推荐引擎时不需要领域知识或初始的收集和分析工作。协同过滤通常可以进一步划分为三种类型：基于物品的（item-based）、基于用户的（user-based）和基于模型的（model-based）。

在基于物品的协同过滤中，我们最感兴趣的是物品的相似度。例如，在电影推荐的例子里，我们通常会构建一个矩阵，矩阵里的元素表示电影间的相似度，然后据此来推荐与用户已看过或喜欢看的电影最相似的电影。相对应的，基于用户的协同过滤中，用户的相似度是重要的。在这种情况下，如果用户与另一些用户看过或喜欢过特定相似的物品，则可以将这些相似用户喜欢的内容来做推荐。在基于模型的协同过滤中，物品和物品间的相似度、用户和用户间的相似度都不是被直接计算的，而是通过引入模型来捕获用户和物品之间的关系。

在后续内容中，我们将提供一个基于用户的协同过滤的示例，将实现基于物品的协同过滤留作你的练习。然后我们将再次使用 3.5 节中介绍的奇异值分解（SVD）方法来实现基于模型的协同过滤的介绍。

基于物品的协同过滤与基于用户的协同过滤的对比

在使用基于物品或基于用户的协同过滤时，对于不同的数据情况会有不同的性能表现。如果用于电影推荐问题，你将会发现用户数量会比电影数量多很多；因此用户 – 用户的相似度矩阵要大得多，运算复杂度很高。即使从中选出两个评分了许多电影的用户，也很难保证他们看过的电影有足够的重叠，因为用户可能只看了全部电影中的一小部分。相反，物品 – 物品的相似度矩阵计算起来更容易，因为规模小很多。如果选出两部有许多评分的电影，那么很有可能（取决于数据）在观看过的用户中存在一定程度的重叠，因为电影会被很多人看过，而不是一个人看了很多电影。这使得计算用户 – 用户相似度矩阵比物品 – 物品矩阵（相对的）更难。

尽管在完整部署的电影推荐系统中计算用户 – 用户相似度矩阵很难，我们仍然会提供基于用户的协同过滤的实现。实际上方法是相同的，并且比起基于观看的用户来计算电影的相似度，基于对电影评分来计算用户的相似度的概念更容易理解。

3.4 基于用户的协同过滤

古希腊有句谚语（每个世界文明中几乎都有类似的说法）："观其友，知其人。"基于相似用户或近邻的协同过滤或多或少是这句谚语的现实化身。为了预测特定用户对指定物品的评分，你在该物品上查找相似用户（邻居或朋友）对其的评分。然后，把每个用户的评分乘以其相应的权重，并求和——就是那么简单！清单 3.3 提供了一个基于用户相似度的推荐系统的代码。

清单 3.3 基于用户的协同过滤推荐

```
data = Data()
format = {'col':0, 'row':1, 'value':2, 'ids': 'int'}
data.load(dat_file, sep='::', format=format)

similarity_matrix = SimilarityMatrix()
recommend(0,10)
recommend(1,10)
recommend(2,10)
```

为0号用户（Frank）推荐10个物品

为1号用户（Constantine）推荐10个物品

为2号用户（Catherine）推荐10个物品

在清单 3.3 中，我们使用了 `recsys.datamodel.data` 模块的 `load` 方法来读取数据，`recommend` 方法来提供用户可能关心的电影推荐结果。更准确地说，`recommend` 方法会生成用户对于特定推荐电影的预测分值，按照预测值进行排序后生成推荐结果，并返回最高的前 10 个。该推荐方法只会对用户没有评分的物品进行打分。在我们使用的数据集上，每个用户没有看过的电影数量都不少于 10 部，因此这个限制条件永远无法触发。你也有可能会遇到评分为空的状况。这只会发生在用户没有对该电影评分并且数据集中的其他用户也没有对该电影进行评分的情况下。可以看出，这种情况下并不是用户对该电影评分为 0，而是因为该电影缺少任何评分信息。

举个例子，如果你运行上述代码，会看到用户 Constantine 被推荐了 *Jumanji*、*Waiting to Exhale* 和 *Sabrina*，是因为，Frank 对这三部电影进行了评分。Constantine 和 Frank 是相似用户（如前所述），并且 Frank 对这些电影的评分很高。看上去我们的推荐系统工作得很好。你会注意到，每个用户的推荐结果都是那些他们没有观看或者没有评分的电影，这些推荐结果是根据相似用户的口味计算出来的。

`recommend` 类是如何算出上述结果的呢？如何给定一个用户找出他的相似用户

（或朋友）？如何从用户没有观看的电影列表中推荐出结果？让我们通过该算法的基本步骤来看看发生了什么。基于用户的协同过滤推荐引擎主要由两个步骤组成。首先，计算出用户或者物品间的相似度；然后通过加权平均的方法计算出一个用户对一个还未看过的物品的评分。为了更好地理解该过程，让我们通过程序清单 3.4 深度剖析 recommend 方法。

清单 3.4　recommend 方法

```
def recommend(user_id, top_n):
    #[(item,value),(item1, value1)...]
    recommendations = []
    for i in itemdict.keys():
        if (int(i) not in items_reviewed(int(user_id),userdict)):
            recommendations.append((i,predict_rating(user_id, i)))
    recommendations.sort(key=lambda t: t[1], reverse=True)
    return recommendations[:top_n]
```

上述代码表明，recommend 方法相对比较简单且严重依赖于 predict_rating 方法。recommend 方法使用一个 user_id 参数和一个需返回的最优推荐结果数作为参数。该方法遍历物品字典，如果用户没有对该物品进行评分，则调用 predict_rating 方法，将返回结果添加到推荐列表中，最后对推荐列表进行排序并生成推荐结果。

清单 3.5　预测用户评分

```
def predict_rating(user_id, item_id):
    estimated_rating = None;
    similarity_sum = 0;
    weighted_rating_sum = 0;

    if (int(item_id) in items_reviewed(user_id,userdict)):
        return get_score_item_reviewed(user_id,item_id,userdict)
    else:
        for u in userdict.keys():
            if (int(item_id) in items_reviewed(u,userdict)):
                item_rating = get_score_item_reviewed(u,item_id,userdict)
                user_similarity =
    similarity_matrix.get_user_similarity(user_id,u)
                weighted_rating = user_similarity * item_rating
                weighted_rating_sum += weighted_rating
                similarity_sum += user_similarity

        if (similarity_sum > 0.0):
            estimated_rating = weighted_rating_sum / similarity_sum

    return estimated_rating
```

在程序清单 3.5 中，predict_rating 方法输入两个参数：用户的 ID 和感兴趣的物品 ID，该方法运行后返回用户对该物品的预测评分。

通过逐行阅读代码，你会发现，如果用户对该物品评论过，那么我们不会试图去预测用户的评分值，而只是返回用户对该物品的已有评分。如果用户没有对该物品评分，我们就对该用户运算一次基于用户的协同过滤推荐，这个过程会检查系统中的每一位用户，判断用户是否对这个待预测的物品有过评分。如果有，我们拿到该用户的评分，同时计算出该用户和我们希望预测用户间的相似度，然后可以通过相似度和用户对物品的评分相乘计算出加权评分（weighted_ratings）。我们在计算加权评分和的同时，也计算用户的相似度总和，用来对评分值进行归一化，使评分分布在区间 [0,5]。若数据集中存在一些用户与待我们推荐物品的用户在某种程度上相似，且这些用户也已经对我们感兴趣的物品有过评分，那么这些代码确保能计算出对这些物品的预测评分。

尽管上述代码可以很好地实现我们的目标，但是务必注意其中潜存的严重性能问题。综合观察程序清单 3.4 和 3.5，你会发现，我们还只是简单地对系统中的所有用户和所有物品进行循环操作。为了避免循环导致的性能问题，需要考虑其他的数据结构；例如，我们可以考虑使用字典来存储用户，其中字典的键值为已评分的物品（使得只计算存在评分记录的用户，而不是如清单 3.5 中所示的所有用户）。在实际生产系统中运用基于用户的协同过滤方法时，这只是众多性能改进方案中的一种。

到目前为止，我们已经展现了基于用户的协同过滤推荐系统的整体轮廓，但是程序清单 3.5 还缺少一些具体的实现细节：相似度矩阵的计算。清单 3.6 中的代码大致描述了计算相似度矩阵的类。

清单 3.6　SimilarityMatrix 类

```
class SimilarityMatrix:

    similarity_matrix = None

    def __init__(self):
        self.build()

    def build(self):
        self.similarity_matrix = np.empty((len(userdict),len(userdict),))

        for u in range(0,len(userdict)):
            for v in range(u+1,len(userdict)):
                rcm = RatingCountMatrix(int(u),int(v))
```

初始化时调用build方法

只计算比当前用户u下标大的用户v的相似度（上三角形式）

用户和其
自身的相
似性为1

```
            if(rcm.get_agreement_count()>0):
                self.similarity_matrix[u][v] =
        rcm.get_agreement_count()/rcm.get_total_count()
            else:
                self.similarity_matrix[u][v] = 0
        self.similarity_matrix[u][u]=1

def get_user_similarity(self,user_id1, user_id2):
    return
    self.similarity_matrix[min(user_id1,user_id2),max(user_id1,user_id2)]
```

由于上三角形形式，我们要得到相似度结果需要做一些额
外工作。两个用户中较小用户必须为行坐标，较大用户为
列坐标，否则相似度将返回0（不是通过build方法计算）

如果用户的某些评分一致，则
通过RatingCountMatrix计算相
似度

SimilarityMatrix 类封装了存储、计算和访问两个用户间的相似度矩阵。该
类初始化后会调用 build 方法，build 方法会计算 userdict 字典对象中所有用
户的相似度。尤其需要注意的两点是：首先相似度矩阵使用了上三角矩阵形式，如
3.2 节所述，用户间的相似度是对称的，因此采用上三角矩阵也是合理的，也就是说，
如果 Catherine 的偏好与 Frank 相似，那么 Frank 也与 Catherine 相似。我们在进行用
户的相似度计算时确实需要使用这个特性，并且可以使用上三角矩阵形式来进行存
储。简而言之，如果我们已经存储了 b 和 a 的相似度，那么存储 a 和 b 的相似度是
没有任何意义的。上三角矩阵形式的存储不仅减少了一半的存储空间，而且也减少
了一半的计算。

第二个需要注意的点是，另一个辅助类 RatingCountMatrix 的使用，该类的
定义如清单 3.7 所示。

清单 3.7　RatingCountMatrix 类

```
class RatingCountMatrix:
    user_id_a = None
    user_id_b = None
    matrix = None

    def __init__(self, user_id_a, user_id_b):
        num_rating_values = max([x[0] for x in data])
        self.user_id_a = user_id_a
        self.user_id_b = user_id_b
        self.matrix = np.empty((num_rating_values,num_rating_values,))
        self.matrix[:] = 0
        self.calculate_matrix(user_id_a,user_id_b)

    def get_shape(self):
        a = self.matrix.shape
        return a
```

```
def get_matrix(self):
    return self.matrix

def calculate_matrix(self,user_id_a, user_id_b):
    for item in items_reviewed(user_id_a, userdict):
        if int(item) in items_reviewed(user_id_b, userdict):
            i = get_score_item_reviewed(user_id_a,item, userdict)-1
            j = get_score_item_reviewed(user_id_b,item, userdict)-1
            self.matrix[i][j] +=1

def get_total_count(self):
    return self.matrix.sum()

def get_agreement_count(self):
    return np.trace(self.matrix) #对角线原始求和
```

RatingCountMatrix 类考查拥有两个用户共同评分的物品集以及评分的相似程度，来计算用户之间的相似度。如你所见，两个用户仅仅都为同一部电影评过分是不够的，他们还必须大体上都认可该影片。RatingCountMatrix 类通过使用用户评分的协方差矩阵囊括了该思想。对于已观看过的电影的评分总是一致的用户，协方差矩阵的对角线所填充的数字较大：即 $\mathbf{M}_{ij}$（$i=j$）。对于总是不能取得一致意见或观点总是相反的用户，矩阵填充的条目离对角线越远越好：即 $\mathbf{M}_{ij}$，其中 $i=\min(rating), j=\max(rating)$；或者 $\mathbf{M}_{ij}$，其中 $i=\max(rating), j=\min(rating)$。

从清单 3.6 中可以直观地看出，相似度可以通过矩阵计算得出，我们可以使用两个用户都一致的评分数量，除以两个用户都有评分的所有物品数量。请注意，因为在计算每一对用户的相似度时都需要重新计算 RatingCountMatrix，我们的计算性能可能会远远落后。因此上述代码对于举例说明虽然可接受，但是对于一个实际运行的大型系统来说，是远远不够合理和有效的。

到目前为止，我们主要讨论了基于用户的协同过滤推荐。你也许很容易猜到，我们可以从一开始就颠倒这个系统（把用户视为物品，物品视为用户）。我们会为你留下一个练习，去完成一个基于物品的协同过滤系统。因此接下来我们不会对此进行更多阐述，而是转向阐述另一种被称为基于模型的协同过滤方法。

具体来说，我们将使用的模型是奇异值分解（Singular Value Decomposition，简称 SVD）。基于模型的方法功能非常强大，在推荐系统里，它可以帮助我们了解用户和电影之间深层次的关系。对于奇异值分解，该模型包含一个第三类且无法被直接观察的空间，我们称之为隐空间（latent space）。通过隐空间可以发现一些难以直观发觉的原因，即用户为什么做出某些选择（例如与电影的特定属性关系更密切）

的原因。基于用户和基于物品的协同过滤往往会忽略这些原因，现在让我们试着去发掘它们。

3.5　奇异值分解用于基于模型的推荐

在前面的例子中，本质上我们是通过考查与当前用户最相似的用户群体的评分，来预测该用户的评分并聚合用户。在基于用户和基于物品的协同过滤中，我们对用户和物品间相似度的分布都不做任何假设。这里就是基于用户或物品的协同过滤和基于模型的协同过滤的主要区别。

在基于模型的协同过滤中，存在着一个额外的假设或者模型。在使用奇异值分解的情况下，我们假设物品和用户是通过某些隐空间联系起来的，而不是由用户或者物品引起的。如果这听起来有点奇怪，不要担心，这只是意味着将用户映射到物品，或者将物品映射到用户，都是通过被第三空间来连接的。你可以把它想象成类似一个属性空间，尽管从学术上来说不是特别准确。如果一个用户的偏好是由戏剧、浪漫和动作三个类型共同确定的，某部电影也是以类似（且自动）的类型构成的，那么即使用户没有看过该电影，也可以给他推荐该电影。在现实中，隐空间并不是如此来直接标记的，而是由算法自动确定的。这应该已经帮助你初步理解了奇异值分解对推荐系统的工作原理——如果没有，别担心，接下来的部分我们将会介绍更多具体内容。

3.5.1　奇异值分解

奇异值分解（SVD）是一种矩阵分解的方法。分解（factorizing）的意思是指把某物体分裂成多个元素，将这些分裂的元素相乘可以还原得到被分裂的原始物体。对于数字来说，这相当简单（例如，10 可以分解成 2×5），但是对于矩阵乘法来说，对矩阵的分解就显得有点困难。

Wolfram MathWorld[1] 告诉我们，给定一个 m 行、n 列的矩阵 $\mathbf{A}$，且 $m > n$，该矩阵可以写成如下形式：

$$\mathbf{A} = \mathbf{U}\mathbf{D}\mathbf{V}^T$$

1　　"Singular Value Decomposition," *Wolfram MathWorld*, 2015, http://mng.bz/TxyY.

其中，**U** 矩阵是 $m \times m$ 维的，**D** 矩阵是 $m \times n$ 维的，**V** 矩阵是 $n \times n$ 维的。矩阵 **D** 只在对角线上存在数据项，矩阵 **U** 和矩阵 **V** 都只有正交列（即 $U^T U = I = V^T V$）。最后这点非常重要，因为它意味着构成隐空间的这些向量都是相互正交的；也就是说，这些正交向量组中的向量不能由其他向量线性组合而成，稍后我们将会用到这个特点。

你可能会认为这些虽然很好，但是与推荐系统之间又有什么关系呢？实际上，关系非常大。让我们想象一个 $m \times n$ 的矩阵 **A**，其中 m 是用户的数量，n 是电影的数量，矩阵中的每个条目表明用户 m 对电影 n 的评分。现在，如果我们将矩阵 **A** 分解成 **U**，一个 $m \times r$ 的矩阵，该矩阵考量了用户在一个较小规模（维度为 r）的空间里的密切程度；同样我们也能得到一个 $r \times n$ 的矩阵 V^T，该矩阵提供了电影在 r 维空间中的密切关系。最后，让我们试着去理解为什么 r 中的每维元素在预测用户评分时非常重要。这些元素被称为被分解的矩阵的奇异值（singular values），它们以递减的顺序分布在矩阵 **D** 的对角线上，相应的用户矩阵 **U** 和物品矩阵 V^T 的行和列分别会被适当重组。

注意，在这个例子中我们使用了一个大小为 r 的隐空间。通常可以选择最大的 k 个奇异值来保留隐空间中最重要的维度，同时尽可能压缩其余的维度。你可能会注意到，这与我们在第 2 章中介绍的通过特征向量分解来进行降维的概念非常相似——这并不是一个巧合！如果你对此感兴趣，建议参考 Gerbrands[1] 中关于这两个概念间关系的介绍。

回顾 **U** 和 **V** 矩阵中隐空间的正交性，这有很大的意义。以矩阵 **U** 为例，在 **U** 中任意选取两列，则这两个列向量的乘积为 0。为了让隐特征的描述能力最大化，我们选择隐特征时总是让它们相互间尽可能分散。用另一种思路来看，选择在用户空间中彼此远离的特征是合理的。如果喜欢科幻电影的影迷从来不看喜剧，反之亦然，那么这个特征在推荐系统中就非常有用。同时，我们知道矩阵 **V** 中的任何两列，或者说矩阵 V^T 中的任意两行是相互正交的。也就是说，为电影会员选择隐特征时尽量要使特征之间的差异足够大。回到我们不太精确的影片类型空间来举例，不同电影在其中的类型差别就很大，例如科幻电影从来不是喜剧。需要特别强调的是，隐特征实际上并不是指我们所说的类型，而是包含了电影和观众的相互关系的某种特别的属性。

---

[1] Jan J. Gerbrands, "On the Relationships between SVD, KLT and PCA," Conference on Pattern Recognition (1980).

通过一个例子来理解，假设矩阵 **A** 已分解，那么计算一个用户评分是很容易的。我们先定位用户在 r 维隐空间的坐标（有点像用户对 r 个正交类型上的兴趣分布），然后将每个 r 元素乘以相应的全局重要性，将得到一个 r 维向量。最后，找出待预测的电影在 r 维隐空间的坐标（有点像电影在 r 个正交类型上的密切关系的分布），然后对其与前面用户兴趣向量进行点乘，得到最终的计算结果，就是用户对该电影的预测评分。注意，尽管我们这里使用了类型的概念，但是这仅仅只是为了理解说明。尽管可以对训练得到的隐空间的维度进行一些语义上的解释，但是实际上这些维度并没有特别明确的含义。

推荐系统的训练过程等同于对矩阵进行分解。就像上一段的例子中所看到的，推荐结果可以从分解的矩阵中直接计算出来。如果你觉得奇怪，可以把分解认为是试图建立用户、电影和隐空间之间的联系。本质上来看，在为潜在的关系建模的时候，它试图让分解更合理并尽量减少误差。如果仔细进行思考，你会发现矩阵分解的过程恰好使得推荐结果避免了误差。在下一节中，我们将通过一个基于奇异值分解的推荐系统来对此进行更加细致的探讨。

3.5.2　使用奇异值分解进行推荐：为用户挑选电影

在本节中，我们将使用奇异值分解帮助用户来推荐电影。和之前一样，我们将使用 MovieLens 数据集，但这次我们会使用全部数据，而不再仅仅选取一部分数据样本来展示概念。回想一下，MovieLens 数据集包含大量用户 - 电影的推荐数据。我们将会使用奇异值分解去构建一个隐空间矩阵，这将让我们理解在用户和他们评分较高的电影之间是否存在某些特定模式。

我们还会介绍一个不在 scikit-learn 中的新的 Python 包，其名称为 Python-recsys 包，[1] 它虽然很轻量，但是功能十分强大，可以方便地调用该包利用奇异值分解进行推荐，在本章接下来的代码中我们都会使用这个包。请确认在运行清单 3.8 之前已经将这个包安装好了。

清单 3.8　利用 SVD 进行推荐

```
svd = SVD()                              将进展信息
recsys.algorithm.VERBOSE = True          发送到屏幕

dat_file = './ml-1m/ratings.dat'         用户评分
item_file = './ml-1m/movies.dat'         电影信息
```

---

[1]　ACM RecSys Wiki, www.recsyswiki.com/wiki/Python-recsys.

```
data = Data()
data.load(dat_file, sep='::',
          format={'col':0, 'row':1, 'value':2, 'ids': int})

items_full = read_item_data(item_file)
user_full = read_user_data_from_ratings(dat_file)

svd.set_data(data)
```

此程序清单展示了如何使用 recsys 包对免费下载的 Movieslens ml-lm 数据集进行奇异值分解操作的整体概览。Movieslens 数据集包含 100 万条用户评分，我们将会使用全部数据去构建一个推荐系统。首先，我们创建一个 SVD 对象的实例，该实例读取所有的评分数据和电影的相关信息（类别、发布年份等）。尽管模型没有使用其他数据，但我们可以使用这些数据来验证推荐结果的质量高低。程序最后一行将数据传给 SVD 对象，同时指定了数据文件的格式。

在前面的例子里，事实上还没开始训练模型。待训练的数据已经传入了对象 SVD，但是实际的计算在后面。清单 3.9 开始对模型进行训练，或者说对 Data 类的 load 方法所创建的矩阵进行分解。

清单 3.9 使用 SVD 对矩阵进行分解

```
k = 100
svd.compute(k=k, min_values=10,
            pre_normalize=None, mean_center=True, post_normalize=True)
films = svd.recommend(10,only_unknowns=True, is_row=False)
```

svd.compute 方法需要 5 个参数，这些参数会把控矩阵分解的执行过程。为了完整地介绍该函数，我们再次引用文档，[1] 并且讨论矩阵分解时这些参数的作用。

- min_values：移除那些小于 min_values 的行或者列中的非零项。
- pre_normalize：对矩阵进行归一化，可取的值如下所示。
  - tfidf（默认）：将矩阵视作词项 - 文档矩阵。加载数据的方式很重要，我们使用 svn.load_data() 方法的 format 参数来控制输入的各个字段的顺序。
  - rows：对所有行进行缩放，保证每行的数据大小为相同的欧式单位。
  - cols：对所有的列进行缩放，保证每列的数据大小为相同的欧式单位。
  - all：对所有的行和列进行缩放，将每行每列都除以欧式范数的平方根。

---

[1] Oscar Celma, Python Recsys v1.0 documentation, http://mng.bz/UBiX.

- mean_center：对输入矩阵的数据进行中心化（亦称均值相减）。
- post_normalize：将 **UD** 的每一行都归一化为一个单位向量，因此行与行之间的相似度（余弦距离）的范围为 [-1.0 .. 1.0]。
- savefile：保存 SVD 转换（**U**、**D**、**V**^{T} 矩阵）的文件。

可以看出，这些选项大多都是用于控制数据的预处理和后处理。第一个参数可以用来去除少于 100 个评分的电影或者用户，这能显著减小矩阵的规模，更加专注于拥有足够数据的电影或者用户。第二个和第三个参数用来对数据进行归一化和中心化。因为数据分布的方差很大，因此归一化很重要。中心化则调整了数据分布方差的参照点。当我们使用 Single-Vector Lanczos 方法，[1] 通过调用 SVDLIBC 库时，[2] 这两个参数可以提高奇异值分解算法的稳定性。

让我们继续用这个例子来介绍推荐模型。清单 3.9 的最后一行，我们调用 svd.recommend() 方法并传入三个参数。第一个参数是决定要推荐的用户，在本例中我们随机选择了 ID 为 10 的用户。另外两个参数：only_unknowns=True 和 is_row=False，前者表明只返回那些没有被 10 号用户评过分的电影，后者是 SVDLIBC 库的一个特性，is_row=False 表明只是为用户进行推荐而不是电影（为行向量）。因为我们使用的是矩阵分解模型，因此只需要传入 item ID（电影）参数，同时将 is_row 设置为 True，就可以为电影推荐合适的用户列表了。相比于本章先前所讨论的基于用户和基于物品的方法，基于模型的方法不需要大量修改代码，就可以实现类似的功能。

细节介绍得足够清楚了——那么推荐结果到底如何呢？让我们来看一看，程序清单 3.10 打印出了我们推荐出来的电影。

清单 3.10　基于模型的推荐的输出

```
[items_full[str(x[0])].get_data() for x in films]
[{'Genres': 'Action|Adventure\n', 'Title': 'Sanjuro (1962)'},
 {'Genres': 'Crime|Drama\n', 'Title': 'Pulp Fiction (1994)'},
 {'Genres': 'Crime|Thriller\n', 'Title': 'Usual Suspects, The (1995)'},
```

---

[1]　C. Lanczos, "An Iteration Method for the Solution of the Eigenvalue Problem of Linear Differential and Integral Operators," *Journal of Research of the National Bureau of Standards* 45, no. 4 (October 1950), http://mng.bz/cB2d.

[2]　Doug Rohde, SVDLIBC, http://tedlab.mit.edu/~dr/SVDLIBC/.

```
{'Genres': 'Comedy|Crime\n', 'Title': 'Some Like It Hot (1959)'},
{'Genres': 'Drama\n', 'Title': 'World of Apu, The (Apur Sansar) (1959)'},
{'Genres': 'Documentary\n', 'Title': 'For All Mankind (1989)'},
{'Genres': 'Animation|Comedy\n', 'Title': 'Creature Comforts (1990)'},
{'Genres': 'Comedy|Drama|Romance\n', 'Title': 'City Lights (1931)'},
{'Genres': 'Drama\n', 'Title': 'Pather Panchali (1955)'},
{'Genres': 'Drama\n',
 'Title': '400 Blows, The (Les Quatre cents coups) (1959)'}]
```

可以看到，10 号用户被推荐了一些动作 / 探险、犯罪 / 戏剧和犯罪 / 惊悚电影。另外的结果看上去有点像喜剧，也有点像动画类型。尽管看上去挺合理的，实际上我们对该用户还是一无所知。清单 3.11 会对 10 号用户先前观看过的电影和评分信息做进一步探究。

清单 3.11　10 号用户评过分的电影

```
get_name_item_reviewed(10,user_full,items_full)

[(2622, "Midsummer Night's Dream, A (1999)", 'Comedy|Fantasy\n', 5.0),
 (3358, 'Defending Your Life (1991)', 'Comedy|Romance\n', 5.0),
 (1682, 'Truman Show, The (1998)', 'Drama\n', 5.0),
 (2125, 'Ever After: A Cinderella Story (1998)', 'Drama|Romance\n', 5.0),
 (1253, 'Day the Earth Stood Still, The (1951)', 'Drama|Sci-Fi\n', 5.0),
 (720,
  'Wallace and Gromit: The Best of Aardman Animation (1996)',
  'Animation\n',
  5.0),
 (3500, 'Mr. Saturday Night (1992)', 'Comedy|Drama\n', 5.0),
 (1257, 'Better Off Dead... (1985)', 'Comedy\n', 5.0),
 (3501, "Murphy's Romance (1985)", 'Comedy|Romance\n', 5.0),
 (1831, 'Lost in Space (1998)', 'Action|Sci-Fi|Thriller\n', 5.0),
 (3363, 'American Graffiti (1973)', 'Comedy|Drama\n', 5.0),
 (587, 'Ghost (1990)', 'Comedy|Romance|Thriller\n', 5.0),
 (150, 'Apollo 13 (1995)', 'Drama\n', 5.0),
 (1, 'Toy Story (1995)', "Animation|Children's|Comedy\n", 5.0),
 (2, 'Jumanji (1995)', "Adventure|Children's|Fantasy\n", 5.0), ...
```

这只是 10 号用户评过分的 401 部电影的一小部分，但是显然我们可以看到一些动画\喜剧电影（来自于相同影片制作公司 Aardman Animations 的 *Wallace and Gromit* 和 *Creature Comforts*）。我们同样可以发现，已评分电影和推荐电影共有的喜剧和喜剧要素。注意，该用户的评分记录有 154 个 5 星，因此这小部分列表并不能完全表明用户的兴趣。让我们深入下去，看一下 10 号用户评分的类型分布。图 3.3 展示了 10 号用户评分超过 3 的类型分布，图 3.4 展示了评分低于 3 的类型分布。对于评分为 3 的电影没有列出。

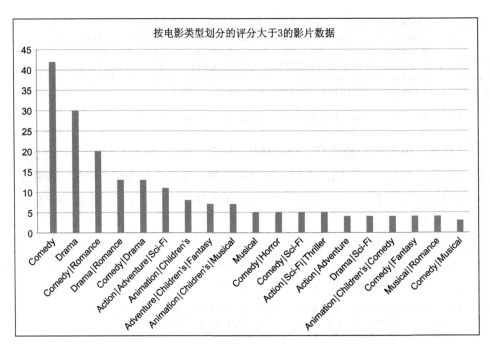

图 3.3　10 号用户评分为 4 或者更高的电影数目。这些电影用类型进行区分，可以看出，10 号用户对超过 40 部喜剧电影评分为 4 或者更高。图中只展示了数量最多的前 19 个类型。

分析开始变得更明确了，图 3.3 清晰地表明 10 号用户对喜剧和戏剧类型的电影更感兴趣，因为该类型获得了绝大多数的正面评分。如果你看一下清单 3.10 的推荐结果列表，可以看到相关性还是很好的。10 部电影中有 7 部要么是喜剧类型，要么是戏剧类型。浪漫类型、动作 / 探险 / 科幻小说以及动画在用户的评分记录中也很明显，因此这些类型也出现在推荐结果中。让人有点奇怪的是，推荐结果中出现了惊悚和犯罪类型，而在评分记录中这两个类型并不明显或压根就没有，这可以解释为协同过滤过程在起作用。

在已有的数据集中，用户会同时对不同类型的多部电影共同给出高的评分。算法会发现这个模式，从而返回一些用户从没有看过，但值得尝试的其他类型的电影。这并不令人惊讶，因为推荐算法就是应当尝试给用户推荐一些看上去有惊喜的结果。稍微细想一下就会发现，这种关联并不奇怪，看过喜剧类型电影的用户有时确实会很喜欢犯罪 / 惊悚类型的电影。

图 3.4 提供了 10 号用户评分较低电影的类型的直方图分布。初看一下，可以发现，喜剧和动作 / 科幻小说类型评分较低的电影数量都等于或者超过 2，但是我们必须谨慎地解释这种现象。同时观察图 3.3 和图 3.4 中的数值，该用户明显倾向于

给电影较高的评分，就像对喜剧电影的兴趣一样（已对超过 40 部电影评分为正面）。在基于模型的协同过滤中有一些解决评分偏见的技巧，在此我们不再讨论，请参考相关文献。[1]

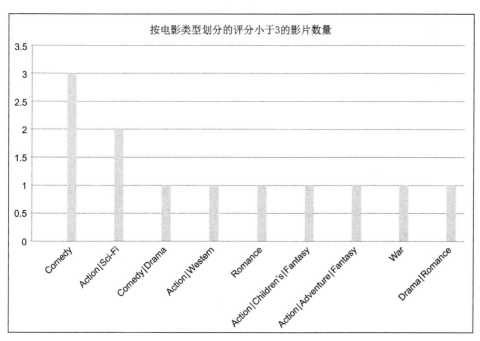

图 3.4　10 号用户评分小于 3 分的电影数量分布，按影片类型划分。该例子里用户给 3 部喜剧影片和 2 部科幻影片打分低于 3，并且还观看了一些其他类型的影片，并打了 1 分。

3.5.3　使用奇异值分解进行推荐：帮电影找到用户

前面我们已经举了使用奇异值分解向用户推荐电影的例子。由于基于模型的协同过滤非常灵活，很容易对指定的某部电影来进行用户的推荐：也就是说，告诉你应该向哪些用户推荐这部电影。如果能决定该向哪些用户进行推销的话，你能很容易想到这对广告行业非常有价值。

假设我们是卢卡斯影业，现在正在打算推广新的星球大战电影：*Star Wars, Episode 1: The Phantom Menace*（1999），使用奇异值分解和现有的数据集，我们该如何找到合适的用户来推广这部电影呢？程序清单 3.12 提供了答案。

---

[1]　Arkadiusz Paterek, "Improving Regularized Singular Value Decomposition for Collaborative Filtering," *Proceedings of the ACM SIGKDD* (2007), http://mng.bz/TQnD.

清单 3.12 考查基于模型的协同过滤进行用户推荐

```
> items_full[str(2628)].get_data()
{'Genres': 'Action|Adventure|Fantasy|Sci-Fi\n',
 'Title': 'Star Wars: Episode I - The Phantom Menace (1999)'}
> users_for_star_wars = svd.recommend(2628,only_unknowns=True)
> users_for_star_wars
[(446, 4.7741731815492816),
 (3324, 4.7601341930085157),
 (2339, 4.7352608789782398),
 (1131, 4.6541316195384743),
 (5069, 4.6479235551508217),
 (4755, 4.6444117760840502),
 (4634, 4.6308837065012067),
 (4649, 4.619985795550809),
 (1856, 4.5846499038453166),
 (4273, 4.5803152198983419)]
```

首先，检查一下是否是我们打算推荐的电影。从结果可以看出，物品 ID 2628 确实对应我们关注的影片 *Star Wars*。通过对这个物品 ID 调用 `svd.recommend()` 函数，同时并没有设置参数 `is_row=False`，就可以得到跨行的推荐结果，也就是要推荐给的用户列表。返回的结果是预测得分结果最高的前 10 名用户的 ID 和他们预计会给这部电影的打分。

接下来，让我们在程序清单 3.13 中进一步挖掘，看看这些结果直观看上去是否合理。

清单 3.13 分析用户对 Star Wars 的打分

```
> movies_reviewed_by_sw_rec  =[get_name_item_reviewed(x[0],
user_full,items_full) for x in users_for_star_wars]
> movies_flatten = [movie for movie_list in movies_reviewed_by_sw_rec for
➥movie in movie_list]
> movie_aggregate = movies_by_category(movies_flatten, 3)
> movies_sort = sorted(movie_aggregate,key=lambda x: x[1], reverse=True)
> movies_sort

[['Drama\n', 64],
 ['Comedy\n', 38],
 ['Drama|War\n', 22],
 ['Drama|Romance\n', 16],
 ['Action|Sci-Fi\n', 16],
 ['Action|Adventure|Sci-Fi\n', 14],
 ['Sci-Fi\n', 14],
 ['Action|Sci-Fi|Thriller\n', 13],
 ['Thriller\n', 12],
 ['Comedy|Romance\n', 12],
 ['Comedy|Drama\n', 11],
 ['Action|Drama|War\n', 11],
```

```
['Drama|Romance|War\n', 10],
['Drama|Thriller\n', 9],
['Horror|Sci-Fi\n', 9],
['Film-Noir|Thriller\n', 8],
['Western\n', 8],
['Comedy|Sci-Fi\n', 8],
['Drama|Sci-Fi\n', 7]…
```

在展开评分列表之前，我们首先获取数据集中待推荐用户对电影的评分。我们需要将评分列表集合（列表中的每个元素是该用户对他所评分电影的列表信息）展开成新的列表，该列表将所有用户对其所评分的电影汇总在一起。函数 movies_by_category 生成一个列表，该列表中的每个元素是电影的类别以及分数，这是通过用户集合对每个电影的评分次数进行累加获得的。用该函数的参数可以过滤掉评分数值较低的项，在这个例子中，我们只计算那些得分大于等于 3 的电影。最后我们将这个电影列表根据类别得分从高到低排序。

最终，我们获得了类别分布表，如图 3.5 所示。用图形化方式展示了我们打算将 *The Phantom Menace* 推荐给的用户相应评价最好的类别。

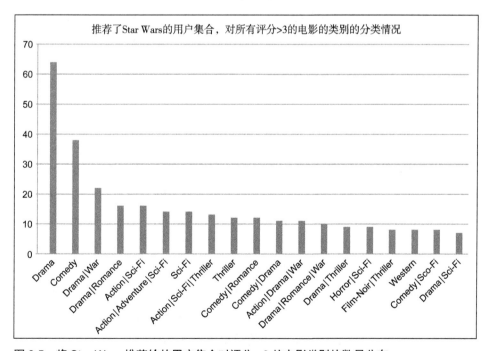

图 3.5 将 Star Wars 推荐给的用户集合对评分 >3 的电影类别的数量分布。

有几点需要特别指出。首先，在这个用户评分很高的电影类别中，科幻类占比很高。在最高的评分类别中不低于 40% 的类别包含了科幻类,这是符合直觉预期的。星球大战系列是科幻类的,所以给对科幻类感兴趣的用户推荐这部新电影是挺合适的。有一点也许我们会感到奇怪,为什么这些用户最喜欢的两个类别会是戏剧和喜剧?初看上去感觉是错误的,但注意这些类别里的电影数量很多,另外,这两个类别中有很多电影在整体数据集中的评分普遍很高,所以这也是另一个有关兴趣偏向的例子。

在之前的章节中,我们带你领略了推荐系统的概况,并且详细介绍了基于用户和基于模型的推荐引擎。我们使用 MovieLens 这个数据集,这个非商业性的数据集包含了 6000 个用户对 4000 部电影的共 100 万条评分数据,基于这些数据,我们向用户推荐电影,或者为电影找到喜欢的用户。

虽然基于用户的协同过滤有易于理解和具备可解释性的优点——因为它可以很容易地解释为什么给一个用户推荐某部电影(因为和它相似的用户喜欢这部电影)——然而当数据稀疏时,基于用户的协同过滤效果比较差(比如,用户对电影的评分很少有交集)。相反,使用基于模型的协同过滤,向用户解释特定的推荐结果非常困难,但当数据稀疏时效果会更好,因为它可以通过隐式空间将用户和电影关联起来。无论如何,最终还是要由机器学习实践者来选择最符合他们需求的解决方案。

3.6　Netflix竞赛

谈到推荐系统,不得不提的就是 Netflix 大赛。2009 年结束的 Netflix 大赛非常成功,来自 186 个国家的参赛队总共提交了 41,000 多次结果。[1] 比赛提供了用户过往对电影的打分数据,参赛队基于这些数据给用户推荐电影,比赛谁能获得最小均方误差(Root-Mean-Square Error,简称 RMSE)。比赛期间,参赛队提交的结果会在公开测试集(不同于 Netflix 进行最终评估的私有测试集)上生成评估结果,直到比赛最终结束——非常令人兴奋!但是这些算法研发背后的故事同样引人注目。

最后,100 万美元的奖金被授予了 BellKor's Pragmatic Chaos 队,该队是由三支顶尖的参赛队合并而成的:Pragmatic Theory 队、BellKor 队和 BigChaos 队。获奖团队的算法比 Netflix 自己的 Cinematch 算法的效果提高了 10.06%,从而达到了领取

---

[1]　Netflix, www.netflixprize.com/leaderboard (2009).

奖金所要求的首先达到 10% 效果提升的要求。在此我们不分析获奖算法的细节，而是更宽泛地谈论该比赛中获胜队伍所使用的方法及其影响。如果对算法细节感兴趣，我们强烈推荐你去阅读如下论文：*The BellKor Solution to the Netflix Grand Prize*[1]、*The BellKor 2008 Solution to the Netflix Prize*[2] 和 *The Pragmatic Theory Solution to the Netflix Grand Prize*[3]，这些论文提供了获奖者的完整方法。

获奖团队的结果融合了几百种预测结果，融合后的效果超过了其中任何一种预测结果。其中每种算法捕获用户和电影之间特定的关系，通过融合这些算法，这个团队获得了超乎想象的效果。比赛中最有趣的是，当三个领先的团队把各自的预测器合并到一起后才产生了令人难忘的结果。

你也许会惊讶于获胜算法的很多理论，在我们之前的章节中都已经提到了。我们来谈论其中的一个预测算法（来自 BellKor 队），并简要讨论一下这个预测器是如何与其他预测器进行融合，从而完成推荐的。

BellKor 队有个基础版的预测器，它对数据集里电影和用户的偏好进行建模。同时也加入了时间的动态特征，这使算法可以处理以下两种情况。一是电影的流行度发生变化（比如，如果一部电影被重新推出，往往能获得更多的关注）；二是用户的评价偏好随时间发生变化（比如更严或者更加宽松）。他们也引入了与之前提到的奇异值分解类似的方法。这种方法对前期讨论的全局信息的建模是有作用的，但经常会忽略数据中局部的信息。为了解决这个问题，算法中增加了基于邻域的方法，有点类似基于物品和基于用户的协同过滤。这可以帮助处理数据集中的用户、物品以及他们的邻域里的局部信息。最终这个预测器成为 454 个进行合并的预测器的其中一个，通过迭代决策树（Gradient-Boosted Decision Trees，简称 GBDT）[4,5] 合并这些预测器后生成结果。

[1]　Yehuda Koren, "The BellKor Solution to the Netflix Grand Prize," August 2009, http://mng.bz/TwOD.

[2]　Robert M. Bell, Yehuda Koren, and Chris Volinsky, "The BellKor 2008 Solution to the Netflix Prize," http://mng.bz/mW25.

[3]　Martin Piotte and Martin Chabbert, "The Pragmatic Theory Solution to the Netflix Grand Prize," August 2009, http://mng.bz/1et7.

[4]　Jerome H. Friedman, "Stochastic Gradient Boosting," March 26, 1999, https://statweb.stanford.edu/~jhf/ftp/stobst.pdf.

[5]　Jerry Ye, Jyh-Herng Chow, et al., "Stochastic Gradient Boosted Distributed Decision Trees," *Proceedings of the 18th ACM* CIKM (November 2009), http://mng.bz/WiMO.

虽然毫无疑问冠军队的成就令人瞩目，但 Netflix 并没有使用该算法，而是使用了一个简单一些，但准确率略低一些的算法（这个算法的提升效果只有 8.43%，而冠军算法有 10.06%）。这个算法不仅赢得了初次进步奖，并且在比赛结束之前就投入使用了。Netflix 解释说，使用冠军的算法需要做很多额外的延展工作，带来的精度提升不值得付出这样的代价。

这件事给智能算法的开发者上了很重要的一课。我们不能一味追求算法的精度，也要考虑算法实施的成本。Netflix 并没有使用冠军算法的另外一个原因是：比赛结束后，公司业务焦点发生了变化，之前对 DVD 租赁业务来说推荐精度很重要，Netflix 可以为有限数量的邮购账户仔细挑选电影。当公司的业务重心转移到在线流媒体后，推荐精度的重要性降低了，因为推荐机制变成了几乎实时的，用户可以在任意时间、任意地点、观看任意想看的内容。这里给我们上的另一课是，具有实时性的智能算法，往往比那些精度更高但算得很慢的算法更有价值。

3.7　评估推荐系统

商用推荐系统经常在严苛的条件下运行，用户数量动辄有数百万，物品的数量也是成千上万。额外还要求能够实时地进行推荐（通常要求 1 秒以内的响应速度），且不能牺牲推荐的质量。这通常都需要设置一些缓存层，而使用奇异值 SVD 矩阵分解的耗时通常是达不到实时要求的，并且还会受其他因素的影响，比如机器内存的大小，以及 SVD 的实施方式。另外，还依赖于你愿意付出多久的等待时间来获得答案！

如之前所见，通过不断积累每条用户的评分，我们可以逐步提升预测的精度。但在实际应用中，对那些没有任何评分记录的新用户，我们也必须要有能力为他们提供优秀的推荐结果。

对于先进的推荐系统的另外一个苛刻的要求是，基于新增的评分来更新预测结果的能力。在大型商业网站里，短短几个小时以内就会产生数千条评分和购买记录，每天的数据量会有几万甚至更多，对这些新增信息的在线更新能力就显得特别重要——而且需要永不间断。

假设你写了一个推荐系统，并且你对它的速度以及它所能处理的数据规模都颇为满意，那它是否就是一个好的推荐系统呢？如果它只是一个速度快、扩展性好但只能产生很老旧结果的推荐结果，那么它毫无价值。既然如此，让我们接下来谈谈怎么评估一个推荐系统的精度。如果你搜索相关的文献，会发现有大量的定量指标以及若干定性的方法用于评估推荐系统的结果。这些众多的指标和方法反映了一个事实：要对推荐结果进行有意义的、公平、精确的评估是一件十分具有挑战性的工作。Herlocker、Konstan、Terveen 与 Riedl 的综述文章包含了丰富的信息，如果你对该主题感兴趣可以查阅相关文档。[1]

我们已经在 MovieLens 数据集上展示了通过均方误差（RMSE）来评估评分预测的效果。RMSE 是一种简单却鲁棒的评估推荐系统精度的技术。这个指标有两个主要特点：（1）误差值始终累加（仅优化个别推荐的效果不大）；（2）均方误差求平方时，大的误差值（>1）的影响会被放大，并且不管误差是正的还是负的。

我们可以思辨地说 RMSE 很可能已经落伍了。让我们考虑两种情况：第一种情况，推荐给用户一部 4 分的电影，而他实际并不喜欢（只打了 2 分）；第二种情况，推荐给用户一部 3 分的电影，事实上他很喜欢这部电影（打了 5 分）。这两种情况对于 RMSE 的贡献都是一样的，但用户在第一种情况的不满意度要高于第二种情况。你可以在程序清单 3.14 中找到基于模型的协同过滤的 RMSE 代码。正如我们所提到的，其他评估方式也是可行的，我们鼓励你尝试其他的评估方法。

清单 3.14　计算一个推荐算法的均方误差

```
from recsys.evaluation.prediction import RMSE

err = RMSE()
for rating, item_id, user_id in data.get():
    try:
        prediction = svd.predict(item_id, user_id)
        err.add(rating, prediction)
    except KeyError, k:
        continue
print 'RMSE is ' + str(err.compute())

err = RMSE()
print d
for rating, item_id, user_id in data.get():
    try:
        prediction = svd.predict(item_id, user_id)
        rmse.add(rating, pred_rating)
    except KeyError, k:
        continue
print 'RMSE is ' + err.compute()
```

---

[1] Jonathan L. Herlocker, et al., "Evaluating Collaborative Filtering Recommender Systems," *ACM Transactions on Information Systems* 22, no. 1 (January 2004).

3.8　本章小结

- 我们学习了用户间和物品间的距离与相似度的概念，也已经看到单一的度量并不始终适用——所以必须小心地选择相似性度量方法。相似度公式必须遵循一些基本准则，除此之外，你可以自由选择实现目标的最好结果的相似度。

- 实现推荐系统整体有两大类技术：协同过滤方法和基于内容的方法。我们重点介绍了前者，并提供了三种实现方法，基于用户的、基于物品的和基于模型的。

- 我们实践了物品和用户两种推荐，在每个实例上我们都查看了电影类型上的评分分布。解释基于模型的协同过滤时，电影类型不算是一个完美的方式，但可以捕获一些用户偏好和电影信息间的关联。

- 在本章最后，我们介绍了 Netflix 比赛。虽然这个比赛在 2009 年就结束了，但它至今仍然是讨论推荐系统必备的话题。我们对获胜队伍的方法进行了概括介绍，但还需要你自己来进一步揭示算法的复杂细节。

分类：将物品归类到所属的地方

本章要点

- 理解分类的技术
- 使用逻辑回归进行欺诈检测
- 在大规模数据集上进行分类

"这是什么？"可能是孩子们最经常问的问题。从这一问题的普遍性看出，孩子们的好奇心是如此强烈而且经久不衰——这并不令人惊讶。为了更好地了解周围的世界，人类将自己的认知用群组和类别来进行组织。在之前的章节中，我们介绍了一些寻找数据内在结构的算法。在本章中，我们将提出一系列分类算法，帮助我们将每个数据点分配到合适的类别（class）中，因此术语被称为分类（classification）。分类所承担的任务就如同回答孩子们的问题："这是一艘船。""这是一棵树。""这是一间房子。"等。

可以认为，作为整个思维过程的一部分，确定数据的结构是进行分类的前提。当我们告诉孩子，她拿着的是一艘船，隐含的意思是指：这是一种交通工具，它属于海上（而不是在空中或陆地上），并且它能漂浮！这些隐含的知识在将物品分类为船之前，帮我们减少了可能的选择。类似的，可以先确定数据的类簇，或者转换原始数据点，提取有价值的信息，这些步骤对于分类来说非常有用。

在后面的内容里，我们将提供分类在其中起关键性作用的一些真实案例，然后给出分类器的概述和类别介绍。我们显然无法通过本书来深入讲解所有已知的分类器，因此本章概述部分的主要目的是帮助你在查找相关文献时有明确的方向。你还将了解逻辑回归，它属于被称为广义线性模型（generalized linear models）的一种更宽泛的分类算法。我们将介绍该方法在检测欺诈和异常在线行为识别时的应用，并启发了该领域（下一章会做更详细的介绍）未来发展的思考。

如何判断是否把数据点分到了最合适的类？怎么确定分类器 A 是否比分类器 B 好？如果你曾经阅读过有关商业智能工具的书籍，那么你很可能会对诸如"我们的分类器的准确率是 75%"这样的说法感到熟悉。这些话有哪些含义？它有用吗？这些问题将在 4.4 节中进行讨论。然后我们还将讨论大量数据点的分类问题，以及如何进行高效的在线分类。

下面让我们开始讨论分类的潜在应用场景，并介绍那些在后续内容中会反复遇到的技术术语。现在让我们考虑一下，分类擅长做什么？它可以为我们解决哪些实际问题呢？

4.1　对分类的需求

我们每天的生活中都会有意无意地遇到分类问题。依据日常的经验，我们发现，餐厅菜单上的食物都会被分到特定类别中——比如沙拉、开胃菜、特色菜、意大利面、海鲜等。同样，报纸上的文章也会根据其主题——政治、体育、商业、娱乐、国际新闻等进行分类排列。可见分类在我们的日常生活中占有重要地位。

图书馆里的每本藏书都有一个图书编目号（call number），它由两个数字构成：杜威分类号和克特号。这套分类体系的顶层分类是诸如综合、宗教、自然科学、数学等类目。美国国会图书馆也有一套自己的分类系统用于组织和规划其藏书，它是在 19 世纪末到 20 世纪初开发的。

在整个 20 世纪，国会图书馆的这套分类系统也被其他图书馆所采用，特别是美国的大型学术图书馆。我们之所以提到这两种书籍分类系统，是因为美国国会图书馆的分类系统并不像杜威分类系统那样具有严格的层次结构，后者通过分类号就能体现出类目主题间的层次关系。

在医学领域，有大量用于损伤或疾病诊断的分类系统。例如，放射科医生和矫形外科医生所使用的 Schatzker 分类系统，用于对胫骨平台骨折（一种复杂膝关节损伤）进行分类。类似的还有针对脊髓损伤、昏迷、脑震荡以及外脑损伤的分类系统。你一定听说过一个词叫 Homo Sapiens（智人），其中 Homo（人属）是人类所在的属，Sapiens（智人）是我们的物种。这种生物的分类体系通常可被扩展到科（Family）、目（Order）、纲（Class）、门（Phylum）等。

一般来说，当使用的属性越多时，分类的精度就越高。拥有"大量"的属性通常是一件好事，但也不是绝对的，属性数量过多则容易导致"维度诅咒"问题，这点我们在第 2 章中讨论过。

你可能还记得，维度诅咒指的是随着属性数量的增加，属性空间会变得越来越同质的事实。换句话说，无论你选择哪种测量距离的指标，任意两个数据点之间的距离都会变得将大致相同。一旦遇到这种情况，要分辨出哪个类别"更接近"某个给定点的数据点会变得越来越困难，因为无论你"站在"空间中的哪个位置，所有的数据点与你的距离似乎都是一样的！

通常来讲，平面参考结构（flat reference structures）包含的信息量不如层次参考结构（hierarchical reference structures）那么丰富。而层次参考结构又不如包含了层次和语义的参考结构内容丰富。带语义的参考结构属于本体论（ontologies）的研究范畴，即包含了特定的领域知识，人工建立起的对本体概念的分类体系。在本书的讲解中，一个本体由三个方面构成：概念（concept）、实例（instance）和属性（attribute）。

以车辆（vehicle）的分类为例，图 4.1 描绘了一个常见的（基础的）本体论的小片段。图中椭圆代表概念，矩形代表实例，圆角矩形代表属性。注意，属性的赋值是带有遗传性的，如果属性 1 分配给概念树的根节点，则它将扩散到概念的所有叶节点。因此，图中属性 1 的值可以分配给船（boat）和汽车（automobile）的实例，但属性 2 的值只归汽车实例所有。属性 1 可以是名称（Name）这个属性，根据你的实际情况而定，而属性 2 可以是属性"车轮数量"（Number of Wheels）。属性是定义在概念这个层级的，但只有实例才具有具体的和唯一的值，因为只有实例才表示真实的事物。

可以把本体的概念看作我们所熟悉的面向对象语言中的类（class）。本体的实例相当于类的具体实例，本体的属性是这些类实例中的变量。拥有如下特性的源代码显然将显得更为优雅：通过软件包来将函数或模块以类的形式组合在一起；使用继承来抽象公共的结构和行为；正确地使用封装的代码库。在面向对象编程中，当定义一个类时，你需要定义变量的数据类型，但是不需要给变量赋值（除非它是一个常量）。同理，这种方式对于本体论也是成立的：概念在树中从上层概念继承属性，并且在它们的属性被分配之前不会变成实例。这种定义方式很有价值，可以为你节省 80%~90% 的时间。如果你曾经对此存疑，可以借助上述的类比方式来深入审视你的类结构。

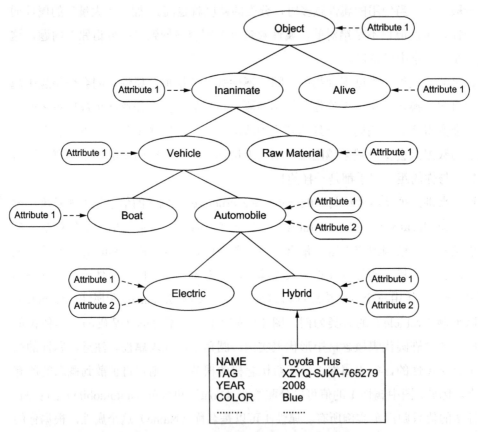

图 4.1 参考结构中的基本元素（一个基本的本体论）。椭圆表示概念，圆角矩形表示属性，矩形表示实例。属性可以在概念里从上层往下继承。

显然我们会随时随地地面对更多的分类系统，对数据进行分类的关键核心在于把数据结构化并组织起来。分类系统通过降低因信息模棱两可所导致的误差来达到降低沟通成本的作用，它们还可以帮助我们组织自己的想法和计划自己的行动。用于组织数据的参考结构，可以是一些简单的标签集合，也可以是高级的语义本体。你听说过语义网（Semantic Web）吗？语义网的核心是一些有关创建、使用、维护语义本体的技术和标准。本体在模型驱动的软件架构中也很有用，[1] 这源于对象管理组织（Object Management Group，简称 OMG，www.omg.org）设计软件的初衷。

看看你的数据库，你的应用程序或许是一个在线商店、一个内网文档管理系统、一个互联网集成程序或者是其他类型的 Web 应用。当你考虑数据及其组织方式时，就能意识到分类系统对于应用程序的价值。从第 4.3 节开始，我们将在 Web 应用程序中引入分类机制来阐述分类算法的应用方法和面临的问题。但首先我们会给出分类系统的概述，但如果你想快速跳到分类实践的环节，可以忽略下一节的内容。

4.2　分类算法概览

整体上把握分类系统的一个方法是观察它们所使用的参考结构。从这个角度来看，我们可以把分类系统整体划分为两大类：二元分类和多类分类。二元分类系统，顾名思义，是对问题给出"是 / 否"的回答。例如，这个数据点属于 X 类吗？医疗诊断系统里回答患者是否患有癌症？移民分类系统里回答某个人是否是恐怖分子？而多类分类系统则是把数据点分配给众多类别中的某一个，例如把一篇新闻报道分配到不同的新闻类别中去。

对于多类分类系统，可以基于以下两个标准进一步细分：类别是离散的还是连续的，以及各个类之间是"平坦的"（只是标签的列表）还是具有层次结构的。前面提到的杜威分类体系和 ICD-10 体系都属于具有多个离散有限类别的分类系统。分类的结果也可以是连续变量，例如把分类用于预测（forecasting）时，如果你把股票在周一、周二、周三和周四的价格作为输入，希望预测周五的价格，可以将该问题转换成离散或连续的多类分类问题。离散版本可以预测股价在周五会上涨、下跌还是保持不变；连续版本可以提供股票价格在周五的预测值。

如果从使用的技术方法的角度来对分类系统进行整体划分，就不像上面的归类那么清晰和广为接受了，但还是有两种宽泛的类别在工业界得到了有效的应用，第一种是统计算法（statistical algorithms），第二种是结构算法（structural algorithms），如图 4.2 所示。

统计算法有三个主要分支。回归算法特别擅长做预测——预测连续变量的值。

---

[1]　D. Gasevic, D. Djuric, and V. Devedzic, *Model Driven Architecture and Ontology Development* (Springer, 2006).

回归算法基于这样的假设：存在一个特定的模型能很好地拟合我们的数据，模型通常是（但并非总是）所关注变量的线性函数，我们将在 4.3 节介绍。另一种统计分类算法源于贝叶斯理论。第三种相当成功且时髦的统计方法是贝叶斯网络，它将贝叶斯理论与概率网络相结合，用于描述分类问题中各种属性之间的依赖关系。

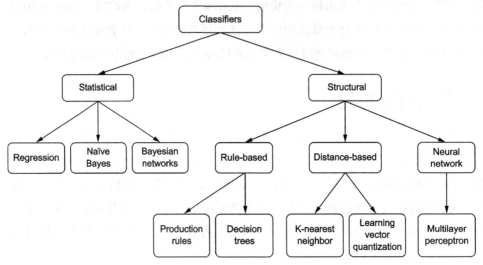

图 4.2　按设计思想对分类算法进行的整体划分。

结构算法也有三个主要分支：基于规则（rule-based）的算法，包括 if-then 规则和决策树（decision tree）；基于距离（distance-based）的算法，通常细分为函数式方法和最近邻算法；还有神经网络（Neural Networks，NN）算法。虽然神经网络自成一类，但需要注意某些神经网络和一些高级统计算法（如高斯过程，Gaussian processes）之间的等价性已经被建立和广泛研究了。接下来，我们会对结构和统计分类算法做更详细的综述。

4.2.1　结构性分类算法

如图 4.2 所示，基于规则的结构算法包括生成规则（production rules）算法（if-then 子句）和决策树（Decision Tree，DT）的算法。生成规则可以由人类专家手工构建或由决策树推导得到。基于规则的算法通常被实现为前向链式生成系统（forward-chaining production systems）——很吓人的一个术语。这个类别中最好的算法被称为

Rete,[1] Rete 的拉丁语含义是"网络",它是 CLIPS、Jess、Soar 等很多知名程序库的基础。

决策树算法源自一个简单但非常有效的想法。你读过查尔斯·狄更斯的《圣诞颂歌》吗？书中狄更斯描述了一个"是与否"的游戏，Scrooge 的侄子必须在心里先想好一个东西，其他玩家猜出它是什么。其他玩家可以提问，但他只回答是或否。这个游戏在不同民族中存在着各种版本——它在西班牙语国家中被称为 veo veo，相当受孩子们欢迎。与这些熟悉的游戏类似，大多数决策树算法背后的思想是提出问题，然后通过答案提供的信息来消除尽可能多的候选。

决策树算法有几个优点，比如易于使用和计算效率高。它的缺点也比较明显，比如当我们处理连续变量时，不得不对数据进行离散化处理——必须将连续的值划分到有限的桶中来构建决策树。一般来说，决策树算法不具备足够的泛化能力，所以对于未曾见过的数据，它的分类效果不好。这个类别中常用的算法是 C5.0（在 UNIX 系统上）或 See5（在微软 Windows 系统上）。在很多商业产品中能看到决策树的身影，如 Clementine，现今的 IBM SPSS Modeler[2] 和 RuleQuest[3]。

结构算法的第二个分支是基于距离的算法。在前面的章节中，我们已经介绍过相似度和广义距离的概念，并已经广泛地使用了。这些算法很直观，却也很容易被误用，导致分类结果不好，因为很多数据点的属性之间可能并没有直接的关联关系。不同度量方法有其独到之处，使用单一的相似性度量方法不能一劳永逸地捕捉它们之间的差异。对数据做合适的归一化和对属性空间的分析，是成功应用基于距离的算法的决定性因素。然而，在许多低维度情况下，该类算法具有复杂度低、效果良好、实现简便等优点。我们可以进一步将基于距离的算法划分为函数式算法和最近邻算法。

函数式分类器，顾名思义，通过函数来进行数据拟合。这与回归类似，但我们还是要从函数使用的基本原理上对分类和回归加以区分。在回归中，我们把函数作为概率分布的模型；对于函数式分类器，我们只关注数据的数值近似。在实践中，通过最小化平方误差来区分线性回归和线性近似是很困难的（或许也是没有意义的）。

最近邻算法试图为每个数据点寻找离它最近的类别。通过使用之前介绍过的广

---

[1]   Charles Forgy, "Rete: A Fast Algorithm for the Many Pattern/Many Object Pattern Match Problem," *Artificial Intelligence* 19 (1982): 17–37.

[2]   Tom Khabaza, *The Story of Clementine* (Internal Report, Integral Solutions Limited, 1999).

[3]   Ross Quinlan, RuleQuest Research: Data Mining Tools, www.rulequest.com.

义距离公式，可以计算每个数据点与每个有效类别间的距离，最接近该数据点的类将被分配给这个数据点。这种算法最常见的也许就是 k- 近邻（k-Nearest Neighbors，kNN）了。此外，另一种被称为学习矢量量化（Learning Vector Quantization，LVQ）的算法也被充分研究和广泛使用。

神经网络（Neural Network，NN）算法本身属于结构算法的子类别，这类算法需要大量的数学背景知识才能做准确的解释。在第 6 章中我们将尽最大努力从计算的角度来阐述，尽量避免过多强调数学原理。神经网络分类算法的主要思想是用计算节点构造一个类似于人脑的人工神经网络，以此来模仿人脑中神经元和突触连接为基础构成的网络。

神经网络算法已被证明在解决很多问题时都表现良好，但它有两个主要的缺点：我们没有一个适用于普遍问题的通用网络设计方法；第二是很难解释神经网络得到的分类结果。它也许能得到极小的误差，但我们无法解释为什么。这就是为什么我们把神经网络称为一种"黑箱"技术。而决策树或基于规则的算法正好相反，这两个方法的分类结果很容易解释。

4.2.2　统计性分类算法

回归算法的思想是找到数据与公式的最佳拟合，最常见的公式是输入值的线性函数。[1] 回归算法经常被用于数据点是数值变量的场合（例如物体的尺寸、人的体重或天气的温度），但与贝叶斯算法不同，它们不擅长处理类别型数据（如员工雇佣状态或信用等级描述等）。此外，如果使用线性模型拟合数据，很难表现出客观的统计规律；本质上，线性回归与高中时拟合一组 x-y 点的一条直线的经典练习题没有什么区别。

逻辑回归（logistic regression）则更加有趣，可以让我们体会到统计学方法的风味。在这种情况下，模型（逻辑函数）的预测值是 0 和 1 之间的数字，可以解释为类别的隶属概率。如果我们设置一个概率的阈值，就可以很好地处理二元分类问题。逻辑回归模型在工业界有广泛的应用，下一节会重点探讨。我们将讨论如何使用它来对在线欺诈行为进行分类，这是一项特别困难的任务，因为欺诈行为的数量比非欺诈行为少很多。

---

[1]　Trevor Hastie, Robert Tibshirani, and Jerome Friedman, *The Elements of Statistical Learning: Data Mining, Inference and Prediction*, 2nd. ed. (Springer-Verlag, 2009).

许多统计类别的算法技术使用的是被称为贝叶斯规则（Bayes rule）或贝叶斯定理（Bayes theorem）[1]的概率理论。这类统计分类算法的基本共同点是以量化显式的方式假设了待解问题的属性之间是相互独立的。贝叶斯算法最吸引人的地方在于即使独立性假设明显不成立，它们居然也能表现得很好！

贝叶斯网络（Bayesian network）是一种比较新的机器学习方法，它试图将贝叶斯理论的能力与诸如决策树这样的结构化方法的优点结合起来。朴素贝叶斯分类器和其他类似算法可以表示简单的概率分布，但是在捕获数据的概率结构（如果有的话）方面存在不足。通过利用有向无环图（Directed Acyclic Graphs，DAG）的强大表示能力，可以图形化地描述属性间的概率关系。我们不会在这本书中讲解贝叶斯网络，如果你对这个主题有兴趣，可以参阅书籍 *Learning Bayesian Networks*。[2]

4.2.3 分类器的生命周期

无论你为自己的应用选择了哪种类型的分类器，分类器的生命周期都符合图 4.3 所示的总体概况，即一个分类器的生命周期分为三个阶段：训练（training）、验证（validation，也称为测试）和生产应用（production）。

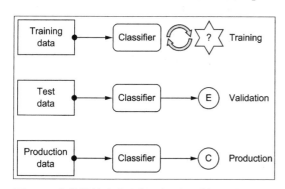

图 4.3　分类器的生命周期：训练、验证（或测试）以及在生产中使用。

在训练阶段，我们为分类器提供已经分配好了正确类别的数据点，每个分类器包含一些在正式使用前必须确定的参数。训练阶段的目的在于确定这些参数的取值。在图 4.3 中，我们在星形图中标记了一个问号来表示这里的主要目标是确定参数。在验证阶段，我们需要验证分类器，确保在部署到生产环境之前，我们的结果具有

[1] Kevin Murphy, *Machine Learning: A Probabilistic Perspective* (MIT Press, 2012).

[2] R. E. Neapolitan, *Learning Bayesian Networks* (Prentice-Hall, 2003).

一定的可信度。我们使用圆圈中标记字母 E 来表示这里的主要目标是确定分类误差，但是质量标准应该通过多种指标来衡量（参见 4.4 节关于分类可信度和成本的讨论）。我们在验证阶段使用的数据（测试数据）必须不同于在训练阶段使用的数据（训练数据）。

　　在分类器投入生产阶段之前，训练和验证过程可以反复迭代多次，因为可能有一些在设计阶段引入的配置参数，在训练阶段没有被充分验证。这个要点意味着我们可以编写一个软件把分类器和所有可能的配置参数封装起来，以便批量自动测试和验证分类器的设计。甚至本质上完全不同的分类器，比如朴素贝叶斯、神经网络、决策树，都可以参与测试。我们可以根据验证阶段的质量指标来挑选最好的分类器，也可以把所有的分类器组合成元分类器（metaclassifier）方案。这种方法在工业界已经获得长足的发展，在大量的应用中都一致地得到了很好的结果。回想一下，在第 3 章中有关推荐系统的讨论中，我们也谈到了组合智能算法。

　　在生产阶段，我们会将分类器用于在线系统来实时产生分类结果。分类器的参数通常在生产期间保持不变。但为了增强分类器的效果，也可以根据用户的行为反馈将一个短周期的训练过程嵌入到生产阶段。随着我们从生产环境中获得更多的数据，以及随着我们对分类器设计的改良，训练、验证、生产这三个阶段可以反复迭代。我们已经纵览了分类算法的全貌，在相关文献里你可以找到很多不同的关于分类算法的综述。[1]

　　为了提供一个充分深入和实用的例子，在本章接下来的内容里，将专注于基于统计的算法，尤其是使用逻辑回归的分类方法。之所以选择逻辑回归，是因为该方法已经被广泛应用于工业 Web 应用。我们将提供的示例是判断在线金融交易行为是欺诈还是合法的。

4.3　基于逻辑回归的欺诈检测

　　在本节中，我们将聚焦于逻辑回归技术：该方法属于统计分类算法，它将多个特征和目标变量作为输入，将这些输入映射为 0.0 到 1.0 之间的似然数。在欺诈检测

---

[1]　L. Holmström, P. Koistinen, J. Laaksonen, and E. Oja, "Neural and Statistical Classifiers—Taxonomy and Two Case Studies," *IEEE Transactions on Neural Networks* 8, no. 1 (1997): 5–17.

中，特征可以是事件、金额、时间、周几等属性，算法的目标是输出结果和标注结果数据相等。结果数据是某事件是否最终被认定为欺诈。你可能已经注意到了算法的输出是连续的，但我们期望能获得二进制的输出结果（例如，1 表示欺诈，0 表示正常）。因此我们通过映射来实现：如果输出的似然度大于 0.5，则将欺诈输出结果映射成 1，否则为 0。

在深入讲解逻辑回归算法的细节之前，我们将首先对线性回归做一个简要介绍，因为逻辑回归可以看作是对线性回归的简单扩展。两种方法的大多数概念都相同，因此这是深入到更复杂的数学原理前的一个比较好的预热。

4.3.1 线性回归简介

在理解逻辑回归之前，你需要先了解线性回归。如果回想你早年学过的数学课程，你可能还记得欧几里得空间中的直线方程，即：

$$y = mx+c$$

其中，(x,y) 表示空间中的数据点的坐标，m 表示两个坐标轴之间的梯度或关系，c 是偏移量或起点。简单来说，梯度 m 将 x 的变化率与 y 的变化率关联起来。如果 x 改变 δx，则 y 改变 $m \times \delta x$。偏移或起始点表示当 x 等于零时 y 的值。

该公式被称为线性关系。如果我们试图使用线性方程来建模两个变量，必须先确保待建模的潜在关系近似满足这样的假设。如果不满足，可能会导致模型对我们要挖掘的现象分析得不出很好的效果。图 4.4 给出了一个直线（线性）模型的图形化表示，所拟合的示例数据点刚好具有线性关系，我们求解了前面给出的线性方程并在数据点上绘制出了相应的直线。

你会发现数据总是不完美的。现实世界中收集到的数据，往往不会完全符合某些预测的模式，而是会受到偏见和噪声的影响，正如我们在第 2 章所讨论的那样。因此我们能做的只有寻找最优拟合。我们通过最小化残差——或者说是模型和实际数据本身之间的误差，来获得最优拟合线，图 4.5 展示了这个概念。

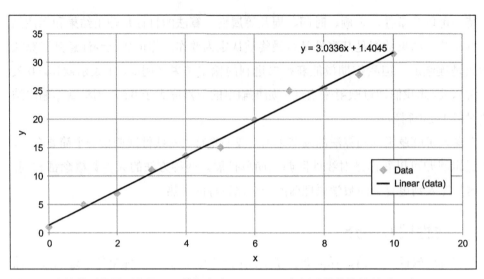

图 4.4　线性模型的图形化展示。数据点表明了 x 和 y 之间明显的线性关系。由 y = mx + c 建模的直线很好地拟合了数据。

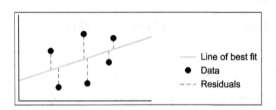

图 4.5　计算残差，或者说模型和数据间的距离。图中我们使用了 y 轴方向的垂直距离来计算差值。

　　现在可以看出，最佳拟合线是通过不断调整模型参数（这里的参数只有两个：梯度 m 和偏移量 c）直到残差的平方和最小而得到的。之所以使用残差的平方是因为它不受误差方向的影响，即无论数据点是高于还是低于模型线都相同。这个过程被称为模型训练（model training）。通常来讲，直线模型不仅限于单维变量 x，也可以使用以下形式推广到 $n+1$ 维：

$$y = m_1 x_1 + m_2 x_2 + \ldots + m_{n-1} x_{n-1} + m_n x_n + c$$

　　在这种情况下，我们使用的建模方法完全相同，变化的只是残差函数和训练的细节。两处变化都必须考虑增加的维数，所以对于 $i = 1, \ldots, n$，训练算法必须更新所有参数 m_i 和 c。

　　这里描述的过程是机器学习中的通用概念：模型训练的目标是使其在我们收集到的数据上具有最好的拟合能力。无论使用哪种类型的模型（线性或其他），这个目标都是相同的，所以你会在自己的实际工作中反复使用到。

你现在可能会问，为什么我们不使用线性回归来检测欺诈？这的确可行，但有很多原因让我们不这么做。在下一节中，我们将提供逻辑回归的详细介绍，以及解释为什么它对于欺诈检测是更为合适的解决方案。

4.3.2 从线性回归到逻辑回归

在上一节中我们介绍了回归，尤其是线性回归的基本知识。但很不幸，当我们尝试用线性模型进行欺诈检测时会遇到一些问题。首先是值域（codomain）的问题：在线性模型中，y 的取值可以从负无穷大到正无穷大，这对于欺诈检测算法很不适用，因为我们更希望输出结果在 0.0~1.0 这个区间内，0.0 表示不可能是欺诈行为，1.0 表示非常可能是欺诈行为。我们也可以设定一个阈值 0.5，概率高于阈值时判定为欺诈行为，低于阈值时将其归类为正常行为。

第二个问题来自于模型线性化这个特性。假设现在有一个简单的二维线性欺诈检测模型——只有唯一的特征（x 表示这个连续性的特征，y 表示欺诈的可能性）——那么当 x 变化时 y 也会随之产生相应的线性变化。仔细思考这种现象会发现它并不总是合理的。

可以通过一个小例子来解释这个问题。假设这个连续的变量 x 与交易的结果相关，那么可以想象，越高的交易额越有可能是欺诈交易。让我们考虑一下当交易额增加£100 时会带来的影响：在线性模型中，可以算出成交金额为£50 和£150 的欺诈概率之差为 $m \times 100$，而在交易金额为£250,000 和£250,100 的两个场景中，概率的变化是完全一样：还是 $m \times 100$！这从我们的应用来看很不合理。

理想情况下，我们希望在 x 刚开始增加的时候，欺诈概率值 y 值也会快速地增长；而在 x 值足够大之后 y 值的增长速度会变慢。同样的，x 刚开始减小的时候，y 值也会快速减小，而在 x 数值足够小后 y 值的减小速度也会变慢。这将使得在输入值从£100 到£5000 的变化过程和从£5000 到£10,000 的变化过程中，分类器的输出结果将会有很大的不同。直观上这也是合理的，因为从低交易额突然上升几千元比从已经很高的交易额增加几千元出现欺诈的概率更高。如果我们能使用一个曲线之类的模型，能否可以比之前的线性模型更好地模拟这种情况呢？令人高兴的是，我们可以使用逻辑曲线。图 4.6 展示了 x 为横轴 y 为纵轴的逻辑曲线。

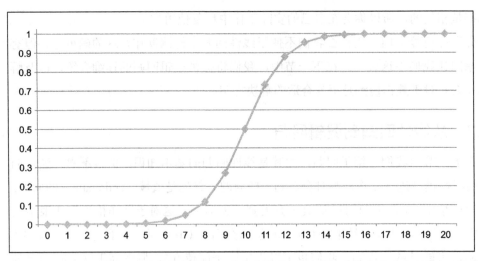

图 4.6 　展示了 y 随着 x 变化的逻辑曲线。这条曲线的 20 个样本点均匀分布在以 x=10 为中心的
区域内。注意，y 的值在 x=10 附近变化较快，而在 x = 0 和 x = 20 附近变化较慢。

我们注意到，y 在 x=10 的变化比在 x=0 和 x=20 附近要大得多，这正好是我们
想要的概率预测曲线。下面是逻辑曲线的通用等式：

$$y = \frac{L}{1 + e^{-k(x - x_0)}}$$

在图 4.6 中，我们注意到，参数设置为 $k=1$、$L=1$ 和 $x_0=10$，其中 L 代表的是曲
线的最大值，x_0 是曲线在 x 轴方向上的偏移量。在后续内容中，我们将 L 设置为 1，
使得曲线最大值始终等于 1，这也是逻辑曲线的常见做法。

我们可以很方便地将逻辑曲线扩展到多变量的形式，只需要修改 e 的指数表达
式，修改后的公式为：

$$y = \frac{1}{1 + e^{-(\beta_0 + \beta_1 x_1 + \ldots + \beta_n x_n)}}$$

现在这个模型已经很不错了，利用该模型我们能够解决多变量的非线性回归问
题，但是这个公式的具体含义是什么呢？我们可以通过一些基本操作来进行分析。
如果设置 $t = \beta_0 + \beta_1 x_1 + \ldots + \beta_n x_n$，然后将原公式的分子和分母同时乘以 e^t，我们将能获
得以下的形式：

$$y = \frac{e^t}{1 + e^t}$$

接下来的步骤将能揭示逻辑公式的精髓。我们知道，y 是由指数 e 公式中的特征计算出的概率，因此可以重新组织一个公式 $y / (1 - y)$，来表示事件发生的概率与事件不发生的概率的比值，我们将它称作 odds。我们先计算出 $1-y$，然后将它替换回公式 $y / (1 - y)$，可以得到如下结果：

$$1 - y = 1 - \frac{e^t}{1 + e^t}$$

$$1 - y = \frac{1 + e^t - e^t}{1 + e^t}$$

$$1 - y = \frac{1}{1 + e^t}$$

现在已经有了 $1-y$ 的表达式，表示事件不发生的概率，加上 y 的初始表达式，可以将 odds 表示为：

$$\frac{y}{1-y} = \frac{e^t}{1 + e^t} \bigg/ \frac{1}{1 + e^t}$$

$$\frac{y}{1-y} = e^t$$

在公式中，我们将 t 替换成 $\beta_0 + \beta_1 x_1 + \ldots + \beta_n x_n$，并对等式两边取自然对数，得到最终的等式：

$$ln\left(\frac{y}{1-y}\right) = \beta_0 + \beta_1 x_1 + \ldots + \beta_n x_n$$

将这个公式与 4.3.1 节开始的公式进行对比，能发现些什么呢？没错！它们都是线性模型，通过对输入特征进行线性组合，可以得到初始模型的概率表达式和新的逻辑模型的 odds 自然对数（log-odds）。新的逻辑模型的训练方式和线性模型非常相似：通过不断更新 β 值来最佳地拟合数据（最小化损失）。为了定义拟合（fit）方法和最小损失，我们可以使用极大似然估计（maximum likelihood estimation）方法，其处理过程是：通过极大似然函数或者生成给定数据的概率求极值来找到最优参数。在实际操作中，通过不断训练数据（一次或者多次）并更新 β 值，一方面能够正面强化欺诈交易中相应特征的影响，另一方面可以不断弱化只与正常交易相关的特征的影响。

在我们讲解代码之前，再看一下前面最终的等式所揭示的理解逻辑回归参数的重要信息。假设我们已经训练好了模型，然后保持其他所有特征值不变，只改变 x_1 的特征值。x_1 每增加 1，log-odds 的值也会相应地增加 β_1。将 odds 的值增加 e，与 x_1 增加 1 的效果是一样的。因此，保持其他的特征值不变时，让 x_1 增加 1 可以使计算的 odds 值增加 e^{β_1} 单位。

4.3.3 欺诈检测的应用

在前面的章节中，我们阐述了强大的逻辑回归方法背后的理论基础，但你可能已经不满足于理论，想去运用逻辑回归方法来解决问题了！本节将展示如何应用。

我们从一个基本数据集开始，[1] 这个数据集包含了金融交易过程中的若干特征，以及人工标记好的是否是欺诈行为的事实标签。图 4.7 展示了这些数据。

IsFraud	Amount	Country	TimeOfTransaction	BusinessType	NumberOfTransactionsAtThisShop	DayOfWeek
0	10	DK	13	2	0	1
0	100	LT	18	1	3	4
0	49.99	AT	11	4	3	0
0	12	AUS	9	6	4	3
0	250	UK	12	1	5	6
0	149.99	UK	17	2	2	5
0	10	UK	16	8	1	4
0	49.99	DK	12	9	4	3
0	18	UK	14	2	3	6
0	27	DK	10	1	5	5
0	40	DK	11	1	6	2
0	2	UK	10	2	7	4
0	34.99	UK	9	4	8	3
0	2	UK	8	9	9	0
1	18000	LT	13	9	0	0
1	20000	LT	14	9	0	0
1	19000	LT	13	9	0	0
1	6000	LT	13	9	1	4
1	9000	LT	13	9	0	0
1	5000	LT	12	9	0	4
1	20000	LT	12	9	0	0
1	10000	LT	12	9	0	6
1	20000.01	UK	13	1	0	0
1	21000	LT	13	9	0	0
1	11000	LT	13	9	1	6
1	210000	UK	14	1	0	0
1	22000	UK	12	1	1	0
1	280000	LT	12	9	0	0
1	15000	LT	12	9	0	6

图 4.7 用于欺诈检测的数据。

图 4.7 中每一列表示的含义依次如下：是否为欺诈交易、交易金额、交易发生

---

[1] 该数据集被人工制作过，用于展示逻辑回归方法。在本章后续内容中，我们将把该方法用于真实世界的数据中。

的国家、交易的业务类型、该商家之前发生过的交易数量、交易在周几进行的。在本节我们使用 scikit-learn 的 logistic-regression 模块进行有效预测并标记出欺诈交易。

在深入分析之前，你能观察到数据有什么规律吗？能否发现欺诈标签和某些特征之间的关联性？通过初步查看数据，我们可以发现，第一笔交易就是金额很高的，商家特别有欺诈的倾向。接下来通过我们的模型来看看能否捕获这条重要信息。现在我们加载相关的软件库并导入数据，实现我们的代码。程序清单 4.1 如下所示。

清单 4.1 导入运行库和数据集

```
import csv
import numpy as np
from sklearn.preprocessing import OneHotEncoder, LabelEncoder
from sklearn import linear_model, datasets, cross_validation
import matplotlib.pyplot as plt

dataset = []
f = open('./fraud_data_3.csv', 'rU')
try:
    reader = csv.reader(f,delimiter=',')          跳过数据集第一行
    next(reader, None)            ◁──────────      的表头
    for row in reader:
        dataset.append(row)
finally:
    f.close()
```

这是代码中很简单的部分，我们加载了几个标准的 Python 库和 scikit-learn 库，这些 scikit-learn 库将在后面的实践中进行介绍。在加载数据的过程中，我们跳过了第一行，因为其中包含数据集的表头。

下一步涉及如何使用数据集中的数据。回想前面的章节，数据的特征划分为两种类型:类别型和连续型。类别型（离散型）的特征是从属于多种特定类别中的一个，比如本例中的 BusinessType 就是一个典型的类别型特征。这种类型的特征会被编码为整数，但是整数的顺序却是无意义的，只有从属于的业务类型对分类模型才有用。对于连续型的特征，数据由一个连续的分布生成，可以取任何有效值，而且两个数据之间的顺序是有意义的。一个很好的例子就是本例中的 Amount 列，两个不同的 Amount 数值之间可以互相比较 : £50 明显比£1 要大。我们创建了一个 mask 数组来标记特征值是离散型的还是连续型的。清单 4.2 展示了通过 mask 数组区分不同类型的特征并进行不同的处理。

清单 4.2   使用 mask 数组标记特征类型

```
target = np.array([x[0] for x in dataset])
data = np.array([x[1:] for x in dataset])
# Amount, Country, TimeOfTransaction, BusinessType,
# NumberOfTransactionsAtThisShop, DayOfWeek
categorical_mask = [False,True,True,True,False,True]
enc = LabelEncoder()

for i in range(0,data.shape[1]):
    if(categorical_mask[i]):
        label_encoder = enc.fit(data[:,i])
        print "Categorical classes:", label_encoder.classes_
        integer_classes = label_encoder.transform(label_encoder.classes_)
        print "Integer classes:", integer_classes
        t = label_encoder.transform(data[:, i])
        data[:, i] = t
```

在清单 4.2 中有若干关键的地方。我们首先创建了两个新的数组，target 和 data。数组 target 保存了交易是否为欺诈的分类标签，data 保存了所有数据的特征。然后我们修改 data 数组，使所有的类别型数据都用新的整数来替代，而且不同的数据值都编码成不同的整数——这通常是一个好方法，如果业务类型是字符串，通过把它们映射为整数，在模型训练过程中就可以被系统所识别。

如清单 4.3 所示，接着区分了类别型数据和非类别型数据，因为我们要单独对类别型数据进行一种特殊的编码方式——one-hot-encoding 编码。[1]

清单 4.3   提取类别型特征并进行编码

```
mask = np.ones(data.shape, dtype=bool)          ←—— 创建一个由True值填充的mask对象

for i in range(0,data.shape[1]):                ←
    if(categorical_mask[i]):                       |  将类别型数据的列用0填充
        mask[:,i]=False                            |

                                                   | 提取非类别型数据
data_non_categoricals = data[:, np.all(mask, axis=0)]   ←
data_categoricals = data[:,~np.all(mask,axis=0)]   ←—— 提取类别型数据

hotenc = OneHotEncoder()
hot_encoder = hotenc.fit(data_categoricals)     ←—— 只对类别型数据进行编码
encoded_hot = hot_encoder.transform(data_categoricals)
```

---

[1]   Kevin Murphy, *Machine Learning: A Probabilistic Perspective* (MIT Press, 2012).

one-hot-encoding

在示例中，我们讨论了用于类别型特征的 one-hot-encoding 编码。那么这是一个什么样的编码呢？为什么需要用到这种编码？在逻辑回归中，所有的特征最终都需要转换成一个数字，如果没有妥善处理好类别型变量，很容易会遇到问题。

举一个简单的例子来说明这种编码方法。在数据集中，我们定义了一个字段表示交易发生的国家，为了将其编码成一个数字，我们使用了 scikit-learn 的 LabelEncoder 模块。假设得到国家的编码是 UK = 1、DK = 2 和 LT = 3。

在逻辑回归中，用一个变量表示国家编码后的整数，通过训练将得到一个相关系数 β，它表示国家这个变量的变化影响到欺诈预测结果 log-odds 的程度。然而细想一下这种处理方式是不合理的，比如交易国家从 UK（1）变化到 DK（2）时，这个影响代表了什么含义呢？又如从 UK（1）变化到 LT（3）呢？如果国家 LT 和 UK 的预测结果一样，这两个值应该分组在一起吗？

因为类别型数据跟顺序无关，所以这样处理不合适。我们用 one-hot-encoding 对它们进行编码——通过创建出三个而不是一个特征来表示国家变量，在任意时刻这三个特征只有一个是激活的（或者说"热"的）。例如，UK 可以编码为 100，LT 为 010，DK 为 001。接着我们学习出三个参数，分别对应这三个特征。这三个特征分别独立处理，同一时刻只有一个是激活状态的，避开了顺序的影响。

清单 4.3 中的代码把特征切分成两个数组：包含连续型特征的 data_non_categoricals，和包含类别型特征的 data_categoricals。我们使用 one-hot-enconding 对 data_categoricals 进行编码，确保每个类别中的变量都有独立的值，并且顺序不会影响最终结果。

让我们先看一下只使用连续型特征时模型的效果，代码如清单 4.4 所示。

清单 4.4 只使用连续型特征的简单模型

```
new_data=data_non_categoricals
new_data=new_data.astype(np.float)

X_train, X_test, y_train, y_test =
    cross_validation.train_test_split(new_data,
```

```
                                              target,
                                              test_size=0.4,
```

将数据按60%/40%切分，生成一个训练集和一个测试集

训练逻辑回归模型

```
        random_state=0,dtype=float)
logreg = linear_model.LogisticRegression(tol=1e-10)
logreg.fit(X_train,y_train)
log_output = logreg.predict_log_proba(X_test)
```

使用逻辑回归模型从测试集中生成结果

```
print("Odds: "+ str(np.exp(logreg.coef_)))

print("Odds intercept" + str(np.exp(logreg.intercept_)))
print("Likelihood Intercept:" +
    str(np.exp(logreg.intercept_)/(1+np.exp(logreg.intercept_))))

f, (ax1, ax2) = plt.subplots(1, 2, sharey=True)
plt.setp((ax1,ax2),xticks=[])

ax1.scatter(range(0,
            len(log_output[:,1]),1),
            log_output[:,1],
            s=100,
            label='Log Prob.',color='Blue',alpha=0.5)

ax1.scatter(range(0,len(y_test),1),
            y_test,
            label='Labels',
            s=250,
            color='Green',alpha=0.5)

ax1.legend(bbox_to_anchor=(0., 1.02, 1., 0.102),
            ncol=2,
            loc=3,
            mode="expand",
            borderaxespad=0.)

ax1.set_xlabel('Test Instances')
ax1.set_ylabel('Binary Ground Truth Labels /  Model Log. Prob.')

prob_output = [np.exp(x) for x in log_output[:,1]]
ax2.scatter(range(0,len(prob_output),1),
            prob_output,
            s=100,
            label='Prob.',
            color='Blue',
            alpha=0.5)

ax2.scatter(range(0,len(y_test),1),
            y_test,
            label='Labels',
            s=250,
            color='Green',
            alpha=0.5)

ax2.legend(bbox_to_anchor=(0., 1.02, 1., 0.102),
            ncol=2,
            loc=3,
            mode="expand",
```

```
                 borderaxespad=0.)
ax2.set_xlabel('Test Instances')
ax2.set_ylabel('Binary Ground Truth Labels / Model Prob.')

plt.show()
```

运行这段代码会返回若干结果。首先返回的是学习得到的参数 e^β 和 e^{β_0}，然后是似然的截距（当 x 的所有值都等于 0 时 y 的值）：

```
Odds: [[ 1.00137002 0.47029208]]
Odds intercept[ 0.50889666]
Likelihood Intercept:[ 0.33726409]
```

这些数据告诉我们一些信息。第一行表示，当保持所有其他特征不变，交易金额增加 1 时，欺诈的概率会增加 1.00137002。查看原始数据集，直观上感觉这是合理的。因为在我们的数据集中，欺诈性交易往往具有较高的交易额。

第一行的第二个值 β 参数与第二个连续变量相关，该变量是商家在当前地点发生过的交易笔数。我们看到交易数每增加 1，导致欺诈的几率降低 0.47；因此用户每次在该商家消费，都能使欺诈概率减少约 0.5。简单来说，根据用户的行为，欺诈很可能发生在新的零售商中，而不是正在经营中的商家。

odds 的截距就是 e^{β_0} 的值，这是将所有特征值设为 0 时算出的概率。通过 odds 的截距，我们也能够大概知道当价格和交易数量都为零时，出现欺诈行为的可能性。注意到这个概率小于没有任何预设特征时欺诈的先验概率（大约 50%），可以解释为欺诈行为都有高交易额。因为 odds 的截距是将所有的 x_i 设置为 0 后计算的似然概率，也包括了将交易额设为 0。我们知道没有金额很低的欺诈交易，这样就把欺诈的可能性拉低了。

代码最终输出了一张图，打印出了模型结果与真实的结果（参见图 4.8）。输出以两种形式呈现：左侧是对数形式的概率值和标签，右侧是指数形式的结果和标签。在这两种情况下，x 轴上的每个单元都对应到一个测试实例。

在图 4.8 中，数据标签只会取值 1 或 0，相应表示欺诈或者非欺诈交易。在右图中，模型输出在 1.0 到 0.0 的范围内，表示逻辑回归模型输出的结果。我们期望看到相同类别的结果都是相同的，比如非欺诈数据（标签 0）的概率都是 0.0，欺诈数据的概率（标签 1）都是 1.0。图中的点表明我们的模型效果很好，除了数据点 9 和 11（从左边读取）计算出的欺诈概率比零稍高一点之外。

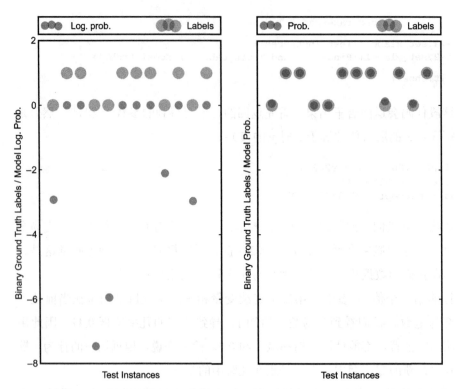

图 4.8 展示了模型的输出和事实结果的比较。数据标签的值只能取 1 或者 0，表示欺诈交易和非
       欺诈交易。左图表示结果概率的对数值，值域在 0.0 和 - ∞ 之间，对该值进行指数运算可
       以得到欺诈交易的概率，这个概率的范围在 1.0 到 0.0 之间。从右图中可以看到，大多数
       情况下分类都很准确，模型输出的欺诈概率很接近于标签的值（标签 1 表示欺诈交易）。

到目前为止，我们只使用了 6 个变量中的 2 个来模拟欺诈交易。接下来再添加
4 个 one-hot-encoding 编码的类别型变量，看看模型的效果会如何改变，代码如程序
清单 4.5 所示。

清单 4.5   在逻辑回归模型中同时使用类别型数据和非类别型数据

```
new_data = np.append(data_non_categoricals,encoded_hot.todense(),1)
new_data=new_data.astype(np.float)

X_train, X_test, y_train, y_test =
➥cross_validation.train_test_split(new_data, target, test_size=0.4,
➥random_state=0,dtype=float)

logreg = linear_model.LogisticRegression(tol=1e-10)
logreg.fit(X_train,y_train)
log_output = logreg.predict_log_proba(X_test)

print("Odds: "+ str(np.exp(logreg.coef_)))
```

```
print("Odds intercept" + str(np.exp(logreg.intercept_)))
print("Likelihood Intercept:" +\
      str(np.exp(logreg.intercept_)/(1+np.exp(logreg.intercept_))))
f, (ax1, ax2) = plt.subplots(1, 2, sharey=True)
plt.setp((ax1,ax2),xticks=[])

ax1.scatter(range(0,len(log_output[:,1]),1),
            log_output[:,1],
            s=100,
            label='Log Prob.',color='Blue',alpha=0.5)

ax1.scatter(range(0,
            len(y_test),1),
            y_test,
            label='Labels',
            s=250,
            color='Green',
            alpha=0.5)

ax1.legend(bbox_to_anchor=(0., 1.02, 1., 0.102),
            ncol=2,
            loc=3,
            mode="expand",
            borderaxespad=0.)

ax1.set_xlabel('Test Instances')
ax1.set_ylabel('Binary Ground Truth Labels /  Model Log. Prob.')
prob_output = [np.exp(x) for x in log_output[:,1]]

ax2.scatter(range(0,len(prob_output),1),
            prob_output,
            s=100,
            label='Prob.',
            color='Blue',
            alpha=0.5)

ax2.scatter(range(0,len(y_test),1),
            y_test,
            label='Labels',
            s=250,
            color='Green',
            alpha=0.5)

ax2.legend(bbox_to_anchor=(0., 1.02, 1., 0.102),
            ncol=2,
            loc=3,
            mode="expand", borderaxespad=0.)

ax2.set_xlabel('Test Instances')
ax2.set_ylabel('Binary Ground Truth Labels / Model Prob.')
plt.show()
```

　　程序清单 4.5 与清单 4.4 中的代码几乎完全一样，唯一的区别在于同时使用了非类别型数据和 one-hot-encoding 编码来构造数组 new_data。但是我们注意到两者的输出明显不同。你会看到下面的数据，以及一个与图 4.8 相似的图。

```
Odds: [[ 1.00142244  0.48843238  1.          0.97071389
         0.77855355  0.95091843  0.85321151  0.98791223
         0.99385787  0.95983606  0.81406157  1.
         0.869761    1.          0.94819493  1.
         0.96913702  0.91475145  0.81320387  0.99837556
         0.97071389  0.869761    0.9778946   1.
         0.81320387  0.99385787  0.94499953  0.82707014
         0.98791223  0.98257044]]
Odds intercept[ 0.61316832]
Likelihood Intercept:[ 0.38010188]
```

　　通过分析两个版本的实验结果图，我们可以得出结论：这些额外的特征对分类器的性能影响非常小，而关于性能的问题我们将会在下一节展开讨论。不过现在你需要注意了解的是，相比上次实验，为什么这次实验的模型参数形式会如此不同呢？

　　你会注意到此版本的模型共有 30 个参数，但是我们只有 6 个特征，这是为什么？这和我们的编码方法有关，对于类别型变量的每个可能值，该方法将创建一个特征，并且只有在观察到该值时才将其设置为 1。这意味着在任意时刻只有一个值是"热"的。通过分析学习模型的参数，发现前两个特征在之前的实验里保持不变，其他特征值大多数为 1 或更小，由此我们认为这些非 0 的特征削减了欺诈的似然度。不过也不算多，尽管它们已经改变了两个实验间的最终的数据分类结果。

　　另一方面，这些实验应该被认为是演示性的而不是决定性的。使用数据量如此少的模型训练是很不推荐的，如果我们能够获取更多的特征，得到的结果几乎肯定与这里实验的结果不同。

　　现在来总结一下本节的内容。一开始，我们使用最简单的线性模型——绘制一条直线穿过数据点——然后我们将其扩展为与目标变量 log-odds 线性变化的模型。这种强大的技术使得某个特征变化时，odds 的变化是非线性的（尽管对 log-odds 是线性的）。我们展示了如何将其应用于解决现实世界的问题，主要讲解了欺诈检测的应用案例，并附上了相关代码。在下一章中，我们将回到逻辑回归来进行讲解，现在我们将结束欺诈检测案例的介绍。

4.4　你的结果可信吗

　　假设你基于逻辑回归、神经网络或其他技术已经建立了自己的分类器，你怎么知道做得是否很好呢？你怎么知道是否可以把自己的智能模块用到生产环境中，并获得同事的敬仰和老板的夸赞呢？评估分类器与创建它一样重要。工作时（尤其在销售会议上）我们时常听到夸张的话，但是没有评估就没有结论。如果你是开发人员或产品经理，本节的目的是帮助你评估自己的分类器，并且有助于你理解第三方产品是否合理。

请牢记，不存在单独的一个分类器对所有问题和所有数据集都能实现完美的分类。这好比箴言"没人懂得一切"、"每个人都会犯错"的计算机版本。我们在分类的范畴中讨论过的学习技术均属于有监督学习（supervised learning），学习过程是被"监督的"，因为分类器是基于已知类别的结果来训练的，通过监督它会尝试学习蕴含在训练数据集中的信息。由此可以想象到，训练数据和实际部署后数据的相关程度，对于分类的成功是至关重要的。

为了清楚起见，这里将会引入一些术语，部分概念和 1.6 节中介绍过的相关。为了简单起见，我们将考虑一个标准的二元分类问题，例如识别垃圾电子邮件。现在假设我们试图要判断某封邮件的内容是否是垃圾，评估分类器可信度的一个基本工具是混淆矩阵（confusion matrix），它也常作为调查的起点。这是一个简单的矩阵，其中行对应分类器分配给特定实例的类别，列对应该实例所属的类别。在二元分类时该矩阵只有 4 个单元格。通常多类分类与二元分类没有本质区别，只是需要更复杂的分析。

表 4.1 展示了二元分类（如垃圾邮件过滤或欺诈检测）的混淆矩阵。

表 4.1 简单二元分类问题的一个典型的混淆矩阵

	阳性	阴性
True	真阳性	真阴性
False	假阳性	假阴性

该表捕获了二元分类中所有可能的结果。如果分类器将特定的邮件标识为垃圾邮件，则我们称分类是阳性（positive）的，否则我们认为分类是阴性（negative）的。当然，分类结果本身可以是真的(true)或假的(false)。因此矩阵包含 4 个可能的结果：阳性 / 阴性与真 / 假间的各种组合。这让我们意识到存在两种类型的错误，一种由假阳性（false positive）组成，称为类型 I 错误（type I error）；另一种由假阴性（false negative）组成，称为类型 II 错误（type II error）。简单来说，当你犯了类型 I 错误时，你把无辜者判为了有罪；当你犯了类型 II 错误时，你把罪犯放过了！这个类比很好地指出了分类成本（classification cost）的重要性。伏尔泰说："宁可释放 100 个有罪的人，也不要冤枉 1 个无辜的人。"这种敏感性同样存在于欧洲的法庭。它的寓

意是：决定都有后果，而后果的严重程度是不同的。在多类分类的情况下尤其如此。考虑以下定义，其中一些定义在 1.6 节中已有介绍：

- *FP 率 = FP / N*，这里 *N = TN + FP*
- *Specificity = 1 − FP 率 = TN / N*
- *Recall = TP / P*，这里 *P = TP + FN*
- *Precision = TP / (TP + FP)*
- *Accuracy = (TP + TN) / (P + N)*
- *F-score = Precision × Recall*

假设我们得到一个分类器的精度（accuracy）是 75%，那么它离真正的精度距离有多远呢？换句话说，如果我们用不同的数据重复分类任务，有多大的可能性得到的精度仍然是 75%？为了回答这个问题，我们将使用统计学中的伯努利过程（Bernoulli process），它被描述为独立事件的序列，事件的结果可能是成功或失败。这对欺诈检测用例或一般的二元分类都适用。如果我们把真实的精度表示为 A^*，测量精度表示为 A，那么我们想知道 A 是否是 A^* 的良好估计。

你或许还记得统计学课程中学到的置信区间（confidence interval）的概念，它是对特定断言的确定性的度量。如果我们在 100 封电子邮件中的精度为 75%，这个置信度不算高；但如果我们在 100,000 封电子邮件中的精度为 75%，置信度会高得多。直观上我们能理解，随着集合的规模增加，置信区间会变小，这样我们会对结果更加确定。具体地说，对于具有 100 个样本的伯努利过程，真实精度位于 69.1% 和 80.1% 之间，具有 80% 的置信度。[1] 如果我们把测量精度的集合扩大 10 倍，则对于相同的置信度（80%）时新的精度范围是 73.2% 到 76.7%。任何一本合格的统计教材里都有计算这个区间的公式。理论上说，当你的样本量大于 30 时，结果都是有效的。在实践中，你应该使用尽可能多的实例来完成运算。

不幸的是，在实践中可能没有你想要的那么多实例。为了解决这一挑战，机器学习领域的从业者已经研发了许多技术来帮助我们评估在数据稀缺时的分类结果可信度。标准的评估方法称为 10 折交叉验证（10-fold cross-validation），这个简单的过程可以通过一个示例来说明。假设我们有 1000 封手工分类好的邮件，为了评估我们的分类器，需要使用其中的一部分作为训练集，另一部分作为测试集。10 折交叉

---

[1]　Ian Witten and Eibe Frank, *Data Mining* (Morgan Kaufmann, 2005).

验证让我们将 1000 封邮件分为 10 组，每组 100 封，每组中合法邮件和垃圾邮件的比例应该与 1000 封邮件集中的比例大致相同。随后我们取其中的 9 组来训练分类器。一旦训练完成，就用不在训练集中的那一组来测试分类器。我们可以计算不同的质量指标，一些指标之前已经提到过，最典型的就是分类器的精度了。这个过程重复 10 次，每次都留下不同的邮件组作为测试集，在这些试验结束时，我们有了 10 个精度值，对它们取平均就得到了一个精度的平均值。

你可能想知道如果将原始集分成 8 或者 12 部分，精度是否会改变，是的，当然会，你不太会得到完全相同的结果。然而，新的精度平均值应该很接近以前的。通过大量对各种数据集和分类器进行实验的结果表明，10 折交叉验证可以得到相当有代表性的分类效果测量值。

考虑 10 折交叉验证的一种极端情况，如果把除一个实例以外的所有邮件作为训练集，并把剔除的该实例用于测试，这种技术被称为留一法（leave-one-out）。它有一定的理论优势，但在实际数据集中（数十万甚至上百万的实例），留一法的计算成本往往是难以承受的。我们可以剔除一个实例，但不对数据集中的所有实例执行此操作，这种方法称为 bootstrap，其基本思想是，我们可以对原始数据集进行抽样来创建新的训练集。换句话说，我们可以多次使用原始数据集中的实例，例如创建一个 1000 封电子邮件的训练集，其中某封邮件可能多次出现。如果这样做，将得到一个有 368 封未用于训练的邮件测试集，而训练集的大小仍然保持有 1000 封，因为剩余的 632 封邮件中的一些在训练集中重复。

绘制 TP 率（True Positive Rate，TPR）与 FP 率（False Positive Rate，FPR）已经被证明有助于分析分类器的可信度。正如你在第 1 章中看到的，这些图被称为 ROC 曲线（ROC curve），源于 20 世纪 70 年代的信号检测理论。近年来，机器学习中有大量的工作使用 ROC 图来分析一个或多个分类器的效果，基本思想是 ROC 曲线应尽可能远离 TPR/FPR 图的对角线。

在现实世界中，分类系统通常被用作决策支持系统，错误的分类可能导致错误的决策。在某些情况下，错误的决定虽然不可取，但可以是相对无害的。但在另一些情况下，它可能是生与死的区别。想象如果一个内科医生漏过了一个癌症病人的诊断，或者一个太空宇航员在高空遭遇紧急情况等待你的分类器结果。分类系统的评估应同时检查可信度和相关的成本。对二元分类问题，方法是指定一个由 FPR 和 FNR 计算得到的成本函数（cost function）。

　　总之，分类器的最重要的一个方面是结果的可信度。在本节中，我们描述了一些帮助评估分类器可信度的指标，例如准确率（precision）、召回率（recall）、精度（accuracy）和特异性（specificity）。这些指标的组合还可以产生新的指标，例如 F 值。我们还讨论了通过不同方式分割训练集来交叉验证的方法，可从中查看数据集更改时对这些分类指标的影响。在下一节中，我们将讨论与大型数据集相关的一些问题。

4.5　大型数据集的分类技术

　　与现实世界相比，用于学术和研究目的的许多数据集都相当小，大公司的交易数据的规模至少都有 1000 万到 1 亿条记录。保险索赔、电信日志、股价记录、点击跟踪日志、审计日志等（这个列表很长）都在同样的数量级。所以，在生产环境中处理大数据集是常态而非意外，不管它们是否是基于 Web 的。对超大数据集的分类值得给予特别关注至少有三个原因：（1）训练集中数据的代表性；（2）训练阶段的计算复杂性；（3）分类器在超大数据集上的运行性能。

　　无论应用处在什么具体领域或分类器支持什么功能，你都必须确保训练数据对生产环境中会遇到的数据具有代表性。你也不应该期望分类器的表现会和验证阶段测量的结果一样好，除非你的训练数据对生产数据有极强的代表性。我们要不断重复强调这一点！在许多情况下，早期兴奋迅速转向失望，仅仅因为条件还不能满足。所以你当然想知道，在这种情况下如何确保训练数据是有代表性的呢？

　　二元分类的情况很容易解决，因为只有两个类——电子邮件是否是垃圾的、交易是否是欺诈性的，等等。在这种情况下，假设你从两个类别中都收集到足够数量的训练实例，我们的重点应该在训练集中属性值的覆盖范围。你的评估可以是纯粹的经验性的（是的，这已经足够好了，因为我们有了足够的值，把它放到生产环境中去吧！），或者完全科学性的（持续地对数据进行采样，并测试采样数据与训练数据是否有相同的统计分布），或者介于两者之间。实际上，最后一种方案更有可能，我们称之为监督学习的半经验法。它经验的方面是，在评估训练集的完整性的过程中，你做出若干合理的假设，用以体现你对应用程序所使用的数据的理解。科学的方面是，你为数据计算一些基本的统计信息，比如最小值和最大值、平均值、中值、有效异常值、属性值中缺失的百分比等，你可以利用这些信息对应用中未曾见过的数据进行采样，并把它们包括到训练集中。

　　多类分类的情况在原理上类似于二元分类，但除了我们之前提到的指导方针外，现在面临一个额外挑战，这个新挑战是我们挑选的训练实例要使所有的类别都有同样的代表性。相比二元分类，区分 1000 个不同类别是更难解决的问题。对于多维（多属性）的问题，还有维度诅咒引起的额外的问题（参见第 2 章）。

如果你的数据库包含 1 亿条记录，你当然希望利用所有数据并发挥其中包含信息的价值。因此在分类器的设计阶段，你就应该考虑分类器在训练和验证阶段的可扩展性。如果你的训练数据翻倍，那么先问问自己：

- 我需要多少时间去训练这个分类器？
- 我的分类器在新（更大）的数据集上的精度是多少？

你可能还想包括更多的质量指标，而不仅仅是精度。你也可能想把数据规模扩大几倍（如原数据的 4 倍、8 倍等），但你也明白上述问题的含义。有可能你的分类器在一个小样本数据集中工作得很好（它训练迅速并且提供了很好的精度），但是当它用于一个相当大的数据集时，其表现却急剧降低。留意这一点很关键，因为进入市场的时机总是很重要的，应用程序的“智能”模块应遵循与其他软件部分相同的生产规则。

同样的道理也适用于分类器在其生命周期的第三阶段——生产阶段的表现。可能你的分类器训练迅速并可提供良好的精度，但如果它不能推广到生产环境中，就都是徒劳的！在分类器的验证阶段，你应该度量其性能对数据规模的依赖程度。假设你使用的分类器与数据规模的依赖是二倍的关系——如果数据规模加倍，则处理数据所需的时间将是四倍。让我们进一步假设你的智能模块会在后台使用分类器来检测欺诈性交易，如果你使用 10,000 条记录进行验证，所有记录的分类可以在 10 分钟内完成，那么当你处理 1000 万条记录时，就需要 1000 万分钟！我想你应该不会有那么多时间，所以，要么选择其他分类器，要么提高性能。在生产系统中，通常人们不得不牺牲精度来换取速度，如果一个分类器非常准确但极其缓慢，它几乎是没用的！

要重视你的分类系统的个体特性。如果你使用基于规则的系统，也许会遇到可用性问题（utility problem）。在学习过程中——随着规则的积累——会导致生产环境中的系统整体变得缓慢。有一些方法可以避免或至少缓解可用性问题，[1] 但是你要对此充分了解，并确保你的实现与这些技术是兼容的。当然，在这里性能的衰减不是

---

[1]　R. B. Doorenbos, *Production Matching for Large Learning Systems*, Ph.D thesis, Carnegie Mellon (CMU, 1995).

唯一的问题，你还需要想办法管理和组织这些规则，这是一个工程问题，它的解决依赖于应用所处的特定领域。一般来说，分类器的实现越复杂，你就越应该谨慎地了解分类器的性能（包括速度和质量）。

4.6　本章小结

- 我们介绍了面向分类这个广阔的算法领域的类目体系，涵盖了统计算法和结构算法。统计算法关注于用特定函数对数据进行拟合，通常使用极大似然估计方法来找到模型。相反，结构算法关注特征，比如数据点间的距离或者细分特征空间的一组规则，用以在特征和目标之间找到模式。

- 我们集中阐述了一种称为逻辑回归的特定的统计算法，并通过讲解它与线性（直线）模型的关系来阐述模型的动机。逻辑回归实际上是目标变量和 log-odds 间的线性模型，它提供了运用许多特征来预估事件发生概率的强大方法。我们通过使用含有欺诈金融交易的小数据集演示了方法的功能。

- 我们总结了衡量算法效果的若干评价方法，并且讨论了在超大规模数据集上实施分类的注意事项。

- 在大数据领域中，分类算法经常部署在大数据集上，有时还需要实时操作。这里面临的一系列挑战我们都进行了探讨。让训练能支撑大规模数据集不仅需要丰富的领域知识还需要对机器学习方法进行深入了解，只靠理论知识是不够的，还需要大量的开发和资源来确保生产级系统的建立和运行。

在线广告点击预测 5

本章要点

- 实时大规模智能系统
- 基于网页浏览数据的用户定向
- 基于逻辑回归的用户行为偏好预测排序

在线点击预测是广告世界中的一个非常具体的问题，也是一个非常经典的高性能、大吞吐量的应用实例，系统必须在非常低的延迟时间内做出决策。这类问题通常都有大量的应用，在线交易、网站优化、社交媒体、物联网、传感器阵列和网络游戏都会实时生成大量数据，并且利用快速处理的能力根据实时的信息做出决策。

每当你打开浏览器开始浏览网页时，为了决定为你展示哪些广告，这一瞬间后台系统已经进行了成千上万次的决策，这些决策过程源于众多数据存储节点之间的信息交互，并判定是否某个特定的广告能给用户带来积极的影响。所有的这些决策过程要进行得极为迅速，因为整个计算过程一定要在你加载完页面之前快速完成。

从广告主的角度来看，投放广告的目的是促使用户与广告产生积极的交互。所以我们需要充分运用全部的用户信息和网页上下文的内容来预测用户与广告产生交互的可能性。这其中的困难之处在于，Web 产生的数据规模极大、速度极快，但同时又要求整个计算过程能够极为迅速地给出精准的结果。

这里所使用的实时解决方案在其他许多领域也同样适用。比如，在智慧城市里，所有汽车可以通过传感器来自动控制行车速度、选择行车路线，实时决策系统可以控制车道信号灯的关启来进行流量调度。这些应用遵循相似的问题模式。我们是否可以运用海量且快速产生的数据来建立模型，并在极短的时间内完成决策？幸运的是，答案是 yes！为了更好地探讨相关方法，我们将深入剖析在线广告系统的细节。为了更具普遍性，我们将尽可能少地谈论广告行业的特性，更多地关注智能算法以及在其他类似行业的应用方法。

5.1　历史与背景

网民对在线广告产业的看法褒贬不一，尽管如此，在线广告仍然广泛地存在于网络世界。调查显示，在线广告的市场规模年增长率在 5% 左右，其中美国市场 2015 年的容量达到了 1893.8 亿美元，并稳步增长，到 2018 年时美国的市场容量将达到 2205.5 亿美元。[1] 随着越来越多的广告投放预算从传统的纸质媒体、电视媒体等渠道转移到数字媒体，广告主开始追求新的方法来与媒体和设备进行互动，技术将在其中承担起更为重要的角色。

早期，在线广告的增长很大部分来源于对广告效果的可度量性。[2] 广告主能够在第一时间准确地掌握其广告触达了多少用户，而且更重要的是，还能了解这些用户的后继行为。这对整个行业来说是一个福音，因为在传统媒体渠道中，广告的投放效果只能根据总体销量间接来推测，而在线广告却可以确定用户是否购买了某个产品以及产生购买行为的精确原因。实时监测广告效果也成为可能，广告主如今能够实时测试不同的广告、图片的效果，在表现欠佳的广告上减少预算，在效果优良的广告上增加预算。通常来讲，这种优化问题在广告以外的其他领域也有广泛的应用。

从根本上来看，这就是数据驱动决策的发展路线。越来越多的数据被采集和利用，来提供更加精准的用户定向，进而带动了为卖家和买家服务的一套全新生

---

[1]　"Total US Ad Spending to See Largest Increase Since 2004," *eMarketer*, July 2, 2014, http://mng.bz/An1G.

[2]　Bill Gurley, The End of CPM," *Above the Crowd*, July 10, 2000, http://mng.bz/Vq6D.

态系统的发展。在本章中，我们将介绍广告交易平台（exchange）和需求方平台（Demand-Side Platform，简称 DSP）的概念，并深入扩展这些概念，你将了解如何使用采集的用户数据来提高用户和广告间的互动概率。

图 5.1 展示了一个广告生态系统的概况。你会发现广告交易平台是中间的媒介，媒体主（类似 theguardian.com、huffingtonpost.com 这样的网站）通过它来向每个广告主（类似 Nike、Adidas、O2、Vodafone 这样的公司）来售卖广告展示位（网站中某固定尺寸的区域）。广告主通常通过需求方平台来购买广告位资源。

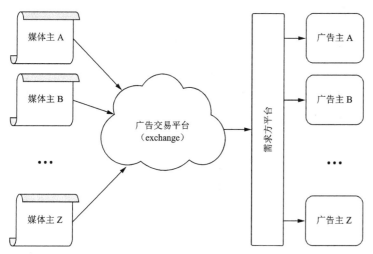

图 5.1　在线广告生态系统。媒体主通过广告交易平台来展示广告位资源，这些资源通过智能算法来实现程序化购买。需求方平台（DSP）从广告主这边整合了内容购买需求后通过平台来购买。

DSP 的作用是整合多个广告主的购买需求，来采买 Web 上优质的内容资源。市场上存在很多 DSP，诸如 Turn (www.turn.com)、MediaMath (www.mediamath.com)、DataXu (www.dataxu.com) 等公司。这些 DSP 平台是广告主购买广告资源的渠道。我们可以很容易地与股票交易行业进行类比，并不是每个人都能在股票交易大厅进行交易，因此需要股票交易员来代表有购买意愿的众多股民来操作。类似的，DSP 好比股票交易员，广告交易平台相当于股票交易市场，一方面 DSP 像交易员一样整合购买需求，另一方面交易平台作为平台来承担买进和卖出的工作。

在广告和股票市场中，如今智能算法已经比人类承担更多的交易工作了。在金融领域中，这通常被称为高频交易（high-frequency trading），而在广告领域则被称为程序化购买（programmatic buying），因为广告空间是通过计算机程序（智能算法）

而不是人工来购买的。

智能算法被用于判断某用户的质量以及可参与购买的广告，这些因素最终将影响对当前用户展示某条广告的竞价的价格（获得流量后需要支付）。在接下来的章节里，我们将带你深入了解确定质量的相应算法，但你需要首先更多了解使用交易平台进行媒体资源交易的过程。我们将展示一些真实的数据，并讨论用大规模数据进行训练时会伴随出现的特定问题。不用再等了，我们马上开始吧！

5.2   广告交易平台

图 5.1 介绍了广告展示位（网站上用于展示广告的位置）被如何购买和销售的整体概况。图中，广告交易平台（exchange）里隐藏了大量的复杂细节。在本节中，我们将为你揭开 exchange 的面纱，通过剖析一个简化的版本来阐述其内部的处理过程。图 5.2 是 exchange 的流程概览图。

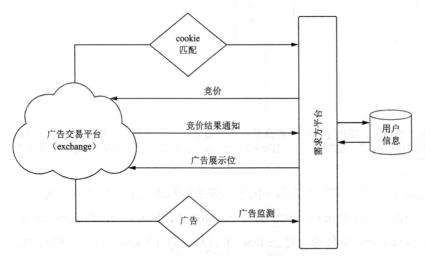

图 5.2   通过广告交易平台购买广告展示位的步骤概览图。从上到下来进行，首先进行的是 cookie 匹配，这既可以在 DSP 端也可以在 exchange 端进行。一旦 DSP 获得了可供使用的唯一标识符，它将以此来查找当前用户的相关信息，同时计算竞价价格（将在 5.4 节介绍）。如果竞价成功，exchange 将通知 DSP，DSP 会记录通知信息。接下来 DSP 需要指定某个特定的广告，当然也可以由 exchange 来服务。最后无论广告在何处展现，广告中的事件都会直接发送回 DSP。

5.2.1 cookie 匹配

每当包含广告的页面加载时，所进行的第一步工作就是 cookie 匹配。cookie 是保存在浏览器内的用户在某一网站域名下的唯一标识符。cookie 能确保用户是唯一的，但是它只有特定长度的生命周期。用户主动清空浏览器的 cookie 缓存时，它会失效。浏览器严格的安全性限制使得用户的 cookie 不能在不同的 Web 服务之间共享。如果 exchange 想要为 DSP 提供用户的个人信息来决定是否向其展示广告，则以下两件事情中的一件会被触发。

exchange 端的 cookie 匹配

第一个选择依赖于从 DSP 端的 cookie 到 exchange 所保存的 cookie 之间的唯一的映射。在这个场景里，每当页面加载时，会通知 exchange 为 DSP 查找相关的 cookie ID，广告展示位的详细信息和 cookie 一起发送给 DSP。接下来由 DSP 从自己的存储中获取用户进一步的信息，来决定如何处理这次投放机会。这种处理方法的优点是，DSP 不需要自己维护 cookie 转换的服务，但是需要增加一些与 exchange 之间交互的开销。

DSP 端的 cookie 匹配

第二种选择是由 DSP 自身来维护 cookie 服务。当页面加载时，exchange 将 cookie ID（以及其他有关广告的信息）发送给 DSP，DSP 进行查询操作。这显然增加了 DSP 决策的复杂性，因为查询过程有时间消耗（exchange 要求毫秒级时间内予以响应）。这种方案短期内也许可以降低 DSP 的成本，但需要开发和维护相应的服务。

从另一方面看，结果对 DSP 而言是完全一样的。每当页面加载时会通过 exchange 提供一次机会，DSP 都会获取到标识当前用户的唯一标识符来查找用户的详细信息，也会获取广告展示位的详细信息。基于这些信息，DSP 将做的事情涉及本章将阐述的核心智能算法。在与其他 DSP 竞争广告位为了能够胜出时，DSP 必须充分运用全部历史数据来预测用户接下来的行为。这将促使 DSP 对当前用户给出合适的竞价，以获得最大的广告投放机会，同时控制最少的投放成本。

5.2.2 竞价（bid）

获取到用户的唯一标识符以及广告位的相应信息后，DSP 必须做两个决定：首先，是否要进行本次广告投放；其次，如果投放，投放的出价应该是多少？

这个问题看上去简单，其实背后相当复杂。如果 DSP 按点击次数付费，你可能希望基于点击的期望出价（考虑投资回报率），这是 5.4.4 节将要讨论的主题，但可能还有其他目标需要满足。不同规模的广告投放活动有不同的预算，对广告主来说控制好预算或在整个投放周期内让预算平稳消耗很重要。投放时在某些媒体资源上可能还会出现竞争。客户也许不关注点击数而是对转化效果感兴趣（用户点击后的购买行为等）。从上面列举的这些因素可以看出，表面上似乎很简单，但其实这是一个涉及很多种优化目标的异常复杂的问题。

5.2.3　竞价成功（或失败）的通知

某 DSP 一旦决定了参与竞价并确定了出价的金额，随后进行竞价，exchange 接下来就会对 DSP 此次竞价的结果进行通知。如果竞价失败，则不再需要后续行动，DSP 没有获得广告展示机会，最后要做的只是用日志记录本次投放失败，这次机会的交互过程终止。

如果 DSP 成功赢得了本次广告展示位，系统会向 DSP 返回本次投放需要支付的金额。大部分 exchange 使用第二价格（second price），或称为 Vickrey 方法，即拍卖的赢家 [1]（最高出价者）只支付第二高出价者的价格。因此在下一阶段开始之前，必须将这个最终价格返回给 DSP 记录下来。

5.2.4　广告展示位

广告展示位是整个过程中最直观的；一旦一个广告展示位被竞价成功，相应的广告就必须要在该位置上被渲染出来。所有的 exchange 都约定好了一组明确的广告尺寸，[2] 每个广告主和投放活动都会据此来预先准备好一组广告内容，有时也被称为广告创意（creatives）。有些广告交易平台提前审核这些广告创意，以确保在设计质量和品牌保护没有问题的前提下再进行竞价。

与 cookie 匹配类似，广告展示系统可以由 DSP 自己维护，或由 exchange 提供。后者对 exchange 明显更安全，但会增加 DSP 的隐性成本。

---

[1]　Vijay Krishna, *Auction Theory*, 2nd ed. (Academic Press, 2009).

[2]　Internet Advertising Bureau, "IAB Standard Ad Unit Portfolio," www.iab.com/guidelines/iab-standard-adunit-portfolio.

5.2.5 广告监测

竞价的最后阶段是收集最终投放广告后的相关数据，这些数据极有价值，主要有如下几个原因：首先，广告主需要知道投放的广告是否已经产生互动，包括是否被点击、观看或分享；如果没有这些数据，广告主就无法衡量投放的效果，也无法据此让客户根据投放效果来付费。第二，这些数据对 DSP 至关重要。DSP 可以基于这些数据来了解用户的兴趣偏好，从而对这些用户以及兴趣类似的其他用户推送更有效果的广告。广告监测既是一项持续的需求也是持续进行商业运行的手段。

5.3 什么是bidder

如果想了解 bidder（竞价系统）中智能算法是如何运作的，那么首先需要了解竞价的过程。到目前为止，我们还只提供了在 exchange 上购买广告的整体概览。我们只知道由 exchange 为 DSP 提供了一些信息，以及我们需要向 exchange 返回竞价价格以便有争取该用户和广告展示的机会。在实践中，bidder 大致的设计模式用图 5.3 进行了展现。

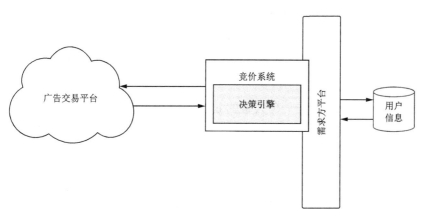

图 5.3 bidder 包括一个执行关键的竞价任务的外层系统，以及一个负责处理数据和出价的内核决策引擎。

bidder 由外层系统和内核系统组成。外层系统负责执行与竞价处理相关的关键任务，比如获取用户数据以及与 exchange 进行实时交互。bidder 的内核是决策引擎，负责综合所有用户、展示位、上下文数据来预测点击率。在本节接下来的部分，我们将分析 bidder 的外层系统的需求，在 5.4 节中我们将深入讨论决策引擎（内核）的细节。

5.3.1　bidder 的需求

通常来讲，我们可以根据以下指标来评估 bidder 系统，尽管这些指标不算详尽，但列举的每一项对于高性能低延迟的系统来说都至关重要。我们接下来讨论它们的波及面和可能存在的权衡。

- **速度**（speed）——也许可以认为是最重要的指标。bidder 必须要足够快，所有的 exchange 都对合作方有近乎苛刻的响应时间要求。从页面开始加载到触发竞价再到广告展示位完成填充，整个过程通常要求在 100 毫秒之内完成。如果无法满足这个速度要求，将会丢失竞价的机会，更糟糕的是，甚至可能会被 exchange 屏蔽！ exchange 要在媒体主面前保持良好的声誉，难以承担让广告位空置的风险，这将不仅造成页面不美观，而且也意味着媒体主收入的损失。

- **简单性**（simplicity）——获取性能的一种途径是使用简单的设计。bidder 最好只执行一个功能且易于调试和维护。记住，一旦 bidder 系统上线运行并参与竞价，任何时刻的服务暂停都意味着你和你的广告客户会损失收入。

- **准确性**（accuracy）——exchange 包含了大量的广告资源，参与交易时非常困难的一点是，DSP 很容易就会快速购买大量低质量的广告！基于这个原因，你的 bidder 必须尽可能准确。随着时间的推移，你应该能够确定竞价价格和广告效果之间的正相关性。

- **可扩展性**（extensibility）——有大量的 exchange 可以购买到广告资源，有些资源只属于某个特定的 exchange，有些资源会在多个 exchange 同时存在。为了使你的 DSP 收益最大化，你的 DSP 需要能够整合尽可能多的 exchange，所以要使你的 bidder 能很容易地进行扩展。不要让你的 bidder 和你初次集成的 exchange 绑定得过于紧密，而要使你的解决方案尽可能通用化。

- **可评估性**（evaluation）——一旦你的 bidder 已经上线运行并且表现良好，接下来就需要开始优化你的决策引擎以便用最低的价格来获取最优质的用户。每次对 bidder 和决策引擎的改进都需要被监测，以确保改进在朝着正确的方向前进。改进的效果经常不能在几分钟或几小时内就见效，而是需要观察几天甚至几个星期。

5.4 何为决策引擎

在前面的章节里，我们介绍了通过 exchange 来在线购买广告展示位的基本问题以及如何运用 bidder 来执行竞价。在本节中我们将集中介绍 bidder 的一个特定方面，揭示如何将 exchange 提供的原始数据转化为你愿意为某个广告出价的金额。让我们来看一下可供使用的数据类型。

5.4.1 用户信息

在现实应用中，有关用户的唯一信息就是 cookie ID，它需要 DSP 来记录和存储。如果该用户第一次出现，此时没有任何可用的信息！如果用户与所展示的广告进行了互动，系统会将其记录，其他一些在 DSP 广告范围内的交互行为也同样会被记录：例如，如果用户启动播放了某个视频或取消了某个全屏广告，这些细小的交互信息被记录下来，当下次再看到该用户时将查询出来。根据用户的行为数据，DSP 可以构建出用户的行为画像，计算出用户点击或不点击广告的概率。

5.4.2 广告展示位信息

和用户信息不太一样，广告展示位的信息是可以来预测点击的。某些尺寸的广告，或者某些媒体的广告会表现得更好，这些和用户无关。比如像 theguardian.co.uk 这样的著名新闻网站上的广告点击率（CTR），要比其他小的商业零售网站高。

5.4.3 上下文信息

最后，有些既不属于用户信息也不属于广告展示位的信息，这些信息尽管用起来相对困难但是仍然是有价值的。比如，类似 Black Friday[1] 和 Cyber Monday[2] 这样的长假期间，CTR 整体上要高不少。晴天会比阴雨天的 CTR 低，因为好天气时人们更喜欢外出到实体购物中心去消费，而不是待在家里在网上购物。

---

[1] BBC News, "Black Friday: Online Spending Surge in UK and US," November 27, 2015, www.bbc.co.uk/news/business-34931837.

[2] BBC News, "Cyber Monday Adds to Online Sales Surge," November 30, 2015, www.bbc.co.uk/news/business-34961959.

5.4.4 数据准备

准备数据是构建一个决策引擎的第一步。如果追求的目标是让用户去点击广告，本质上你会获得两种结果：好的结果，用户点击了广告；不好的结果，用户没有点击。因此你需要这两种训练样本。面对海量规模的数据，无论是数据存储还是模型训练都可能出现问题。你需要有效减小数据规模的同时不损失其中蕴含的模型，采样是一种可行的方法——从整体数据中随机选出较小规模的一个子集。

可以通过如下步骤来生成一个新的采样的数据集。首先，不对所有形成点击的广告曝光数据进行采样，这些数据非常宝贵不应该删减，而且它们的数量只占整体曝光数据中很小的部分（业界广告的平均点击率远低于 1%），所以采样没有必要。另一方面，需要对占数据规模绝大部分的没有点击的数据进行大幅度采样，这样不仅让数据规模更小，还可以让正负样本趋于均衡。所以你需要的不是一个只有很少的正样本的庞大数据集（几乎没用什么分类或回归技术能很好地处理它们），而是一个正样本占更大比例，样本分布更均衡的数据集。我们将在 5.5.2 节进一步讨论样本均衡的重要性。

5.4.5 决策引擎模型

在第 4 章里，我们介绍了逻辑回归并用该方法在一个小数据集上演示了欺诈检测，这个方法同样已经成功地被很多 DSP 用来计算用户与广告互动的概率。在前面的章节中，我们对逻辑回归结果设置了一个固定的阈值来建立一个分类器；但是在本章中，我们将用逻辑回归返回的概率值结果，作为用户对一个广告点击的概率。让我们回想一下，逻辑回归模型的一般形式如下：

$$\ln\left(\frac{y}{1-y}\right) = \beta_0 + \beta_1 x_1 + \ldots + \beta_n x_n$$

其中 y 是所调研的事件的概率值，$1-y$ 是事件没有发生的概率值，$i > 0$ 时 β_1 是特征的相关系数，β_0 表示阈值。因此为了计算点击似然度的 log-odds，我们要先用 5.4.4 节准备的数据集来训练一个模型，然后当一个竞价请求发生时，通过代入前面这个方程来计算点击的 log-odds（即点击的概率）。

5.4.6 将点击率预测值映射为竞价价格

假设我们已经通过前面的方法训练好了一个模型，现在我们刚收到 exchange 发来一个竞价请求，将我们模型的输出结果映射为竞价价格是一个很直接的过程。为了更便于理解，让我们先定义一些术语：

- *CPI*——每次曝光成本（cost per impression）。
- *CPM*——每千次曝光成本（cost per 1,000 impressions）。
- *CTR*——点击率，总点击数除以总曝光数（click-through rate）。
- *CPC*——每次点击成本（cost per click）。

通常，exchange 接受以 CPM 为基础的竞价，即不是以单次请求来出价，而是以每 1000 次请求出多少钱来进行计价。假设广告客户给我们的是一个 CPC 目标（他们愿意为每次点击付出的成本），我们得到一个明确定义的问题：

$$Bid\ CPM = CPC \times E(CTR) \times 1000$$
$$Bid\ CPM = CPC \times y \times 1000$$

也就是说，我们返回的竞价应该是点击概率（已知广告位和用户信息时）乘以单次点击价格，再乘以 1000。

5.4.7　特征工程

从 5.4.1 节到 5.4.4 节描述了竞价请求过程中涉及的基本特征，但实际使用时不仅仅是这些特征的基本形态，而是通过这些特征衍生出数百个特征，这其中的很多特征被作为用户状态的二元指示器（binary indicator）。举个例子，我们可以跨域获取广告位的尺寸特征，作为每个投放组合的独立特征。这去除了域名和广告展示尺寸对点击预测时相互独立的假设，使得模型能够为每个站点挑选出最有效果的广告展示位。众多 DSP 和该领域的算法设计师致力于钻研相关的技术并保护各自的技术秘密。数据科学家团队也致力于用特征工程来持续不断地优化算法的效果。

5.4.8　模型训练

由于有非常大规模的训练数据，运用分布式的机器学习尤为重要。对于适度规模的数据处理与应用，Python 和 scikit-learn 是不错的选择。但面对数据迅速增长的场景就不太合适了，因为 scikit-learn 的实现方案要求待处理的数据必须全部加载在内存里。因此在这里我们选择采用 John Langford 的开源方案 Vowpal Wabbit（VW，https://github.com/JohnLangford/vowpal_wabbit）。VW 目前受到广泛赞誉，并被很多机器学习社区的人们持续开发。我们将简要介绍 VW 的用法，从而让你能够运用 exchange 的数据，但我们鼓励你去进一步阅读 GitHub 上的相关文档。[1,2]

5.5　使用Vowpal Wabbit进行点击预测

如前所述，Vowpal Wabbit 是一个快速的机器学习代码库，它无须将全部数据读入内存就能进行模型训练。从整体上看，VW 提供了一类称为线性监督学习（linear supervised learning）的算法（尽管 VW 现在也提供了对非线性算法的支持）。称之为监督的（supervised）是因为训练样本里的类别是给定的，而称之为线性的（linear）是因为模型的整体形式是线性的，前面我们展示过。

在本节里，我们将使用 VW 的能力和 Criteo（一个领先的 DSP）提供的一些真实数据。为了促进本行业的发展，Criteo 贡献了一些数据，但这些数据缺少语义介绍，因此我们不理解每个字段所指的概念或所包含的数值的含义。下载好全部的数据集（4.5GB），[3] 接下来我们将介绍分类器的生成和运行的步骤，并讲解可能会给从业者带来困扰的常见误区。

首先，你需要安装 VW，在 GitHub 相关网页 [4] 以及本书配套资料中可以找到详细的安装说明。因为 VW 是一个活跃的研究项目，文档有时也许会落后于最新版本的代码，因此在邮件列表中往往可以找到最新的信息，通过邮件列表你也可以和 VW 的开发者进行交流互动。

VW 是通过命令行来进行访问和控制的，大部分模块都通过命令行来操作。这是一个功能极其强大的平台，我们也只会触及其中一部分功能。如前所述，GitHub 页面和邮件列表里有详细的信息，如果你打算用 VW 深入开发应用，我强烈建议你对此保持关注。

5.5.1　Vowpal Wabbit 的数据格式

Vowpal Wabbit（简写为VW）使用了一种特定的文件格式，非常灵活但一开始可能会难以理解。 在开始使用之前，我们需要将 Criteo 提供的文件转换为 Vowpal

---

[1]　John Langford，"Vowpal Wabbit command-line arguments，" http://mng.bz/YTlo.

[2]　John Langford, Vowpal Wabbit tutorial, http://mng.bz/Gl40.

[3]　Criteo，"Kaggle Display Advertising Challenge Dataset，" http://mng.bz/75iS.

[4]　John Langford, Vowpal Wabbit wiki, http://mng.bz/xt7H.

Wabbit 能够理解的形式。Criteo 提供的原始数据的部分样本在图 5.4 中给出。

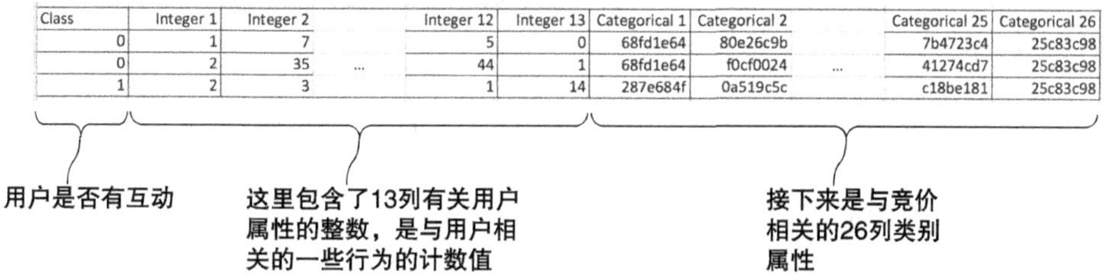

Class	Integer 1	Integer 2		Integer 12	Integer 13	Categorical 1	Categorical 2		Categorical 25	Categorical 26
0	1	7		5	0	68fd1e64	80e26c9b		7b4723c4	25c83c98
0	2	35	...	44	1	68fd1e64	f0cf0024	...	41274cd7	25c83c98
1	2	3		1	14	287e684f	0a519c5c		c18be181	25c83c98

用户是否有互动　　　这里包含了13列有关用户　　　　　　　　接下来是与竞价
　　　　　　　　　属性的整数，是与用户相　　　　　　　　相关的26列类别
　　　　　　　　　关的一些行为的计数值　　　　　　　　　属性

图 5.4　Criteo 提供的原始数据概览。第一个字段与我们将要预测的事件有关，这涉及用户执行的某些事件，例如点击广告。接下来的 13 列是有数值语义含义的特征；数值越高意味着事件被执行的次数越多（相对于观察到的较低的数值）。接下来是 26 个类别型的特征，并且很可能是出价请求的属性，例如发出竞价请求的网站。

Criteo 提供了 13 个整数型的特征和 26 个类别型的特征。数据以单行日志的方式呈现，整数型的特征在前，类别型的特征在后。

根据随着数据提供的"readme"文件，整数型的特征主要包括计数的信息（例如，用户执行某些操作的次数），而类别型的特征的值已被哈希成 32bit。这意味着尽管整数的值具有语义（数值越高表示事件被执行的次数越多），但我们不能对类别型的特征定义这样的语义。我们可以设想每个类别值代表一些属性，例如，用户在竞价请求时所在的网站。哈希可确保不同竞价请求时数据的一致性——即相同的哈希值意味着相同的未被哈希时的值。因此虽然我们不知道每个特定哈希值的含义，但哈希值相同时意义是一致的。

为了与 VW 的文件格式兼容，我们首先需要改变分类的标签。VW 用 1 标注正样本，用 –1 标注负样本。更重要的是，我们需要改变格式，使用竖线符（|）来分隔特征，并向 VW 指定哪些是类别型特征，哪些是连续型特征，这点尤为重要，因为如果没有区分，模型将无法使用刚才提到的计数语义，每个唯一的计数值将被视为一个标签，以致模型失去理解整数隐含的语义的能力：例如，2 大于 1，3 大于 2，以此类推。如果你查看本章附带的文件，会发现我们已经帮助你实现了这些代码！

为了继续本章中的示例，你需要从 Criteo[1] 下载 dac.tar.gz 文件，解压缩 untar / gz 文件，并从 dac 子目录中提取 train.txt 数据文件。接下来，用以下命令运行其中的 Python 脚本：

---

[1]　Criteo, http://mng.bz/75iS.

```
python ch5-criteo-process.py </path/to/train.txt>
```

运行后将在当前目录中生成两个文件 train_vw_file 和 test_vw_file。当然，你也可以通过另外两个参数来改变输出文件：

```
python ch5-criteo-process.py </path/to/train.txt> </path/to/train_vw_file>
</path/to/test_vw_file>
```

每个结果文件包含如下格式的数据：

```
-1 |i1 c:1 |i2 c:1 |i3 c:5 |i4 c:0 |i5 c:1382 |i6 c:4 |i7 c:15 |i8 c:2 |i9
c:181 |i10 c:1 |i11 c:2 |i13 c:2 |c1 68fd1e64 |c2 80e26c9b |c3 fb936136
|c4 7b4723c4 |c5 25c83c98 |c6 7e0ccccf |c7 de7995b8 |c8 1f89b562 |c9
a73ee510 |c10 a8cd5504 |c11 b2cb9c98 |c12 37c9c164 |c13 2824a5f6 |c14
1adce6ef |c15 8ba8b39a |c16 891b62e7 |c17 e5ba7672 |c18 f54016b9 |c19
21ddcdc9 |c20 b1252a9d |c21 07b5194c |c23 3a171ecb |c24 c5c50484 |c25
e8b83407 |c26 9727dd16
```

我们看一下数据的细节。数据的属性用竖线符(|)分隔。注意,第一个条目是 –1,这是该样本的目标分类。此数据是从没有获得用户点击的广告中提取的；1 则表示发生了点击。

请留意人类可读的标签：i1、i2、i3 等，这些被称为命名空间（namespace）。我们选择以 i 开头的命名空间表示整数型特征，以 c 开头的命名空间表示类别型特征。VW 中的命名空间是一个高级功能，允许你组合不同的空间来进行实验。例如，使用简单的命令行来生成特征间的相关系数：如果你知道命名空间 c1 代表竞价的网站，而命名空间 c2 代表广告单元的尺寸，则我们可以轻松地将"每个网站的广告尺寸"添加为模型的新特征。还需要注意的是，一些命名空间包含额外的信息，记为 c:，这是命名空间中特征的名字。在未指定名称的情况下，其名称由其取值表示。这可以让你区分类别型变量和连续型变量。让我们通过一个具体例子来帮助你理解。

前面例子中的 c1 命名空间中包含一个特征 68fd1e64,这个特征的隐含值为 1,表示 68fd1e64 出现过，这是一个类别型的特征。我们可以等价记为 68fd1e64:1。在 i1 的示例中，命名空间包含特征 c，与其相关联的值是 1，是一个连续变量，表示与 i1 相关的事件（名称 c）的数量。在实践中进行这种区分非常重要，因为它能体现训练方式的差异，一种是为连续变量训练单个系数（正确处理整数语义的方式），另一种是为每个遇到的变量训练各自对应的系数（不正确！）。在此我们不进行深入讨论，但鼓励你去本项目的 wiki 上进一步阅读有关命名空间的相关文档。[1]

在 VW 中如何表示特征

VW 使用了被称为特征表（feature table）的指定大小的位向量，将每个特征通过哈希映射到该向量中的每一位来表示特征是否出现。权重是通过每个条目而不是每个特征学习得到的。

这样处理有几个好处，包括缩减维数后固定大小的学习空间，但也意味着可能发生哈希冲突（两个不同特征可能映射到同一位）。一般来说，选择适当的向量大小，对分类器训练后的精度的影响可忽略不计。这也意味着，为了揭示特征的影响（分析其学习到的权重），我们需要将特征哈希到位向量中并和权重向量进行点积。这个我们后面会讲到。

前面曾经提到，你需要创建两个文件，通过 Criteo 训练数据（train.txt）可以直接创建这些文件。Criteo 数据最初是为了竞赛而准备的，因此数据集中的测试数据文件（test.txt）不包含任何标签。如果不将测试数据提交到竞赛系统中，是不可能知道分类效果的。为了创建我们自己的测试集，我们将 train.txt 集合以 70/30 的比例分成两个文件：70％的训练数据放置到新的训练数据文件（train_vw_file）中，剩余的 30％数据放入测试文件（test_vw_file）中用来评估方法的效果。现在，你已经熟悉了正在处理的数据格式及其在 VW 中的内部表示方法，并且拥有了一个训练集和一个测试集，接下来我们将继续进行数据准备。

5.5.2 准备数据集

首先，我们要了解数据样本的均衡性。数据均衡（balanced）指的是正样本的比例大致等于负样本的比例。这一步很重要，因为我们将使用的训练算法对数据集的这个特性很敏感。如果没有均衡的数据集，对于逻辑（logistic）模型的系数更新时负样本比正样本将更频繁地起作用。换句话说，负样本将比正样本的重要性更大。为了避免这种不良情况的发生，在训练之前可以强制对数据集做均衡处理。

我们可以通过一组命令行来实现这一点。你应该知道，这些文件很大，如果使

---

[1] John Langford, Vowpal Wabbit input format, http://mng.bz/2v6f.

用你最喜欢的文本编辑器打开并编辑它们将会导致内存填满，导致程序崩溃！下面的程序清单 5.1 展示了使用安全的方法来进行数据处理。

清单 5.1　确定数据集样本均衡情况

```
wc -l train_vw_file
> 32090601 train_vw_file          ←——  使用wc命令查看数据集文件有多少行

grep -c '^-1' train_vw_file
> 23869264                        ←——  查看以-1开头的行数（负样本）

grep -c '^1' train_vw_file
> 8221337                         ←——  查看以1开头的行数（正样本）
```

　　这里，我们使用一些简单的命令行工具来确定训练集中的正负样本的数量。训练集中每一行数据代表一个样本，因此第一行命令的结果告诉我们训练集的样本数量。第二行和第三行使用 grep 命令进行过滤，分别统计了负样本及正样本的数量，可以看到负样本数量大概是正样本的三倍。请注意，这并不代表通常的点击率情况，因为通常情况下点击的用户占总用户的比例非常小，因此我们认为这个数据集已经被 Criteo 用未公开的比例进行了采样处理。

　　我们之所以需要将数据集的顺序打乱，是因为 VW 使用的是在线学习（online learning）。注意这是 out-of-core 方法，整个数据集不需要加载在内存中。为了在逐行的基础上有效地学习，必须从样本分布中随机抽取数据，最简单的方法是将输入数据随机按行打乱顺序。如果需要了解随机梯度下降法（Stochastic Gradient Descent，SGD）的更多信息，或者我们将用于训练模型的在线方法，可以参考 Bottou 的 *Online Learning and Stochastic Approximations*[1] 以 及 *Stochastic Gradient Tricks*[2] 论文。

　　为了均衡并打乱训练数据集，我们将继续使用命令行，接下来的程序清单 5.2 提供了提取、打乱、创建数据集的命令。

[1]　Leon Bottou, "Online Learning and Stochastic Approximations," in *Online Learning and Neural Networks*, by David Saad (Cambridge University Press, 1998).

[2]　Leon Bottou, "Stochastic Gradient Tricks," in *Neural Networks: Tricks of the Trade*, ed. Gregoire Montavon, (Springer-Verlag, 2012): 421–36.

清单 5.2　提取、打乱及创建数据集

从训练集中过滤出负样本数据，随机打乱后放入负样本数据文件中

从训练集中过滤出正样本数据，随机打乱后放入正样本数据文件中

```
grep '^-1' train_vw_file | sort -R > negative_examples.dat

grep '^1' train_vw_file | sort -R > positive_examples.dat
awk 'NR % 3 == 0' negative_examples.dat > \
        negative_examples_downsampled.dat

cat negative_examples_downsampled.dat > all_examples.dat

cat positive_examples.dat >> all_examples.dat

cat all_examples.dat | sort -R > all_examples_shuffled.dat
awk 'NR % 10 == 0' all_examples_shuffled.dat > \
        all_examples_shuffled_down.dat
```

从负样本数据中使用awk命令每3行采样1行

将采样后的负样本数据放入新的均衡训练集中

将正样本数据添加到新训练集中

将新训练集中的数据随机打乱

将新训练集数据按每10行取1行进行采样处理

清单 5.2 使用了若干命令行工具对数据进行采样和随机打乱，创建了一个正负样本均衡的数据集。在清单 5.2 中，我们使用 grep 命令过滤训练文件中的指定行（正样本或负样本），之后使用 sort 命令将数据打乱后输出到文件。我们使用 awk 命令从负样本中每 3 行取 1 行进行采样，并通过重定向输出到新文件。清单 5.2 列出了大量注释，对细节感兴趣的读者可以看看。运行此代码的最终结果是生成了一个正负样本均衡且样本顺序随机打乱的 all_examples_shuffled.dat 训练集；该训练集随后进行采样，每 10 条取 1 条来创建更易于管理的数据集 all_examples_shuffled_down.dat。这两个数据集都是均衡的，较小的是另一个的子集。本章后续部分将使用该采样后的数据集，因为训练模型所花费时间更短。但我们必须注意，因为 VW 使用 out-of-core 算法，因此使用任意一个数据集训练都不会有问题；唯一的区别是训练所需时间，以及可能需要的特征表的大小（稍后讨论）。以后你可以试着使用更大的训练集来进行训练及测试。

将数据集进行了打乱并处理完毕后，接下来我们可以使用 VW 进行训练了。清单 5.3 提供了训练和创建人类可读模型的代码。

清单 5.3   使用 VW 训练逻辑回归模型

```
vw all_examples_shuffled_down.dat \
    --loss_function=logistic \
    -c \
    -b 22 \
    --passes=3 \
    -f model.vw

vw all_examples_shuffled_down.dat \
    -t \
    -i model.vw \
    --invert_hash readable.model

cat readable.model | awk 'NR > 9 {print}' | \
    sort -r -g -k 3 -t : | head -1000 > readable_model_sorted_top
```

使用逻辑回归训练模型，参数–c表示使用缓存，–b表示特征表大小为22[1]，--passes=3表示迭代3次，模型文件以后缀名.vm保存。

vw使用测试模型以及相同的训练数据运行上一步生成的模型。这样做的目的不是为了测试数据而是生成反向哈希表模型。

使用学习到的模型参数对可读模型进行排序，并保留前1000个参数

第一行代码使用 VW 训练我们的模型，其中的若干命令行参数控制特定的功能，有关这些参数的更多信息可以在 Langford 的文章 *Vow- pal Wabbit command-line arguments* 中找到。为了使用逻辑回归，我们需要设置 VW 使用逻辑回归损失函数来计算期望输出，并预测输出之间的差。系统将通过 SGD 方法来不断修改特征的系数，当系数和特征的线性组合后的数值接近目标变量的 log-odds 时结果会收敛得到一个解决方案。参数 -c 告诉 VW 使用缓存，这将以 VW 的原生格式存储输入数据，使得对数据的后续迭代更快；参数 -b 告诉 VW 特征向量使用 22 位存储，这很适合我们的数据集。参数 -f 告诉 VW 将输出模型（基本上是模型系数）存储在名为 model.vw 的文件中。

如果回顾第 4 章，我们知道模型训练的基本知识很容易理解——训练目的是更新模型系数以获得最小的预测误差——也就是损失函数。为了运算更高效，VW 以哈希表的格式存储特征，每个特征 f 由其哈希值 $h(f)$ 给出相关位的表示。因此在学习过程中查找特征并改变其系数是很快的。使用哈希的优点也被称作哈希技巧

---

[1]   对该参数的选择是在对数据集进行分析的基础上进行的，数据集中有超过210万个独立特征。如果要对每个特征进行唯一标识，需要一个尺寸至少为log2(2.1×106)的二值特征向量，向上取整得到22。请注意，如果使用完整的未经局部采样的数据，那么该参数需要进行相应调整。在你自己的新数据集上，可以很容易地通过运行清单5.3的程序来计算特征的数据，并通过readable.model命令来计算行数。

（hashing trick）[1]，它使用固定的大小来存储非常大的特征空间，这带来的效果是学习成本可控且不会对数据的预测能力产生太大的影响。

本质上，model.vw 包含了学习到的权重向量；但不幸的是，对于人类来说它没有太多意义，因为我们不知道人类可读特征和这个矢量的关联信息。对于机器学习从业者，我们更关注人类可读的特征，从模型认为重要的特征里人类可以获取一些直觉。我们着重看一下清单 5.3 的第二段，使用了 vw 的测试模式（-t）调用已经训练好的模型，一般来说我们不应该用相同数据做测试，但在这种情况下我们并不关注结果！在测试模式下使用 -invert_hash 选项运行测试数据，我们构建了一个表，通过与哈希特征值相关联的权重，可以把有效影响分类器的人类可读的特征名称连接起来。

因为学习到的特征值很多，它们被写出到 readable.model 文件时没有特定顺序，所以在我们分析系数前必须对此文件进行排序。我们使用命令行工具 awk、sort 和 head 来实现。我们丢弃前 9 行（包括头信息和前序信息），然后以每行第 3 列的值对剩余行进行排序，告诉 sort 程序使用冒号（:）表示列分隔符，最后结果被输出到 readable_model_sorted_top 文件中，在下面的清单 5.4 中我们展示了前 20 行数据。这里所看到的特征（如果维持其他特征不变）将给 log-odds 带来很大的提升。

清单 5.4　VW 输出的人类可读模型

```
c24^e5c2573e:395946:3.420166        ❶ 最重要的特征
c3^6dd570f4:3211833:1.561701
c12^d29f3d52:2216996:1.523759
c12^977d7916:2216996:1.523759
c13^61537f27:2291896:1.373842
c12^d27ed0ed:2291896:1.373842
c12^b4ae013a:2291896:1.373842
c16^9c91bbc5:1155379:1.297896
c3^f25ae70a:64455:1.258160
c26^ee268cbb:64455:1.258160
c21^cfa6d1ae:64455:1.258160
c26^06016427:3795516:1.243104
c15^2d65361c:506605:1.240656
c12^13972841:506605:1.240656
c3^e2f2a6c7:3316053:1.234188
c18^eafb2187:3316053:1.234188
c18^fe74f288:3396459:1.218989
```

---

[1]　Olivier Chapelle, Eren Manavoglu, and Romer Rosales，"Simple and Scalable Response Prediction for Display Advertising，" *ACM Transactions on Intelligent Systems and Technology* 5, no. 4 (2015): 61

```
c3^8d935e77:2404744:1.214586
c4^f9a7e394:966724:1.212140
c3^811ddf6f:966724:1.212140
```

　　清单 5.4 展示了一个人类可读的特征输出片段。每行 ^ 字符后面的值是原始数据中的特征值；第二列和第三列分别表示哈希值和系数。我们在这里只给出了前 20个特征（在采样集中有超过 200 万个特征，可能是因为数据集中包含了不同域，每个域都单独进行了编码），但我们已经可以看出一些有趣的趋势。最重要的特征似乎是 c24，随后是 c3 和 c12 ❶。通常来讲，假设所有其他特征保持不变，这三个特征（按所给出的顺序）中的每一个 log-odds 都有很大提升。注意，这里没有出现带整数语义的特征。

　　你可能还会注意到此程序清单中某些特征的权重值相同，这是因为这些特征在哈希（哈希冲突）之后落在特征向量的相同位。你可以看到在程序清单 5.4 中的多行数据，第一个冒号后面的数字是相同的。因此，当特征向量和权重向量进行点积后，这些特征的影响将一致。

　　实际上这个结果不算很理想，尽管也算不上太糟糕——因为带来的影响在训练中将会被平均。实质上，如果这些特征中的任何一个出现，则净的正或负影响将会被添加到要预测的事件的对数似然性上 [1]。

　　不幸的是，因为 Criteo 对数据进行了加密处理，我们无法解读这些特征和实际的哪些事物相关。但是，如果我们从分析的角度来看问题，这将是一个非常有趣的工作！我们真正感兴趣的是确定模型的效果如何，幸运的是，我们可以在不解码特征的情况下实现这个目标。回顾前面的章节，我们介绍了 AUC，或者说是 ROC（receiver operating characteristic）曲线下的面积，其中接近 1 的值表示完美的分类器。现在我们将这种方法应用于一个之前未被使用的测试集，但首先要从测试数据中用 VW 和之前训练好的模型获得一些预测值。

5.5.3　测试模型

　　清单 5.5 中的代码展示了使用测试集数据对训练模型进行评估，并生成将在下一步创建 ROC 曲线时使用的概率值和真实值。

---

[1]　有关特征哈希映射和避免冲突的更多信息可以在网站http://mng.bz/WQi7获取。

清单 5.5 测试一个训练好的模型

```
vw -d test_vw_file \
    -t \
    -i model.vw \
    --loss_function=logistic \
    -r predictions.out
~/dev/vowpal_wabbit/utl/logistic -0 predictions.out > \
    probabilities.out | cut -d ' ' -f 1 test_vw_file | \
    sed -e 's/^-1/0/' > ground_truth.dat
```

第一行代码使用 -d 选项来指定测试数据文件，-t 选项用于测试（非学习），-i 选项将先前训练的模型文件加载到内存中，-r 选项将原始预测结果输出到指定文件。下一行使用辅助函数将这些原始预测结果（形式为 $\beta_0 + \sum_i \beta_i x_i$）转换为关联概率，如 5.4.5 节中 y 的处理方式。请注意，在你的系统上可能需要修改辅助函数的路径。逻辑脚本可以在 VW 仓库（http://mng.bz/pu5U）的 utl 子目录下找到，在本书的预备文件列表中也提到过。

程序所获得的概率结果存储在 probabilities.out 文件中。清单 5.5 中最后一行使用空格作为列分隔符，将包含正确结果的第一列分隔出来。然后通过管道将数据发送给 sed 命令，它将出现的 -1（VW 在逻辑回归中用于标记负分类）替换为 0，并将最终的数据保存到 ground_truth.dat 文件。

我们现在终于可以评估训练模型对于测试数据的效果了。清单 5.6 显示了生成 AUC 和 ROC 曲线图的 scikit-learn 代码，图形在显示的结果如图 5.5 所示。

清单 5.6 使用 scikit-learn 来生成 ROC 曲线

```
import numpy as np
import pylab as pl
from sklearn import svm, datasets
from sklearn.utils import shuffle
from sklearn.metrics import roc_curve, auc

ground_truth_file_name = './ground_truth.dat'
probability_file_name = './probabilities.out'

ground_truth_file = open(ground_truth_file_name,'r')
probability_file = open(probability_file_name,'r')

ground_truth = np.array(map(int,ground_truth_file))
probabilities = np.array(map(float,probability_file))
```

```
ground_truth_file.close()
probability_file.close()
#from: http://scikitlearn.org/stable/
#        auto_examples/model_selection/plot_roc.html
fpr, tpr, thresholds = roc_curve(ground_truth, probabilities)
roc_auc = auc(fpr, tpr)
print "Area under the ROC curve : %f" % roc_auc

pl.clf()
pl.plot(fpr, tpr, label='ROC curve (area = %0.2f)' % roc_auc)
pl.plot([0, 1], [0, 1], 'k--')
pl.xlim([0.0, 1.0])
pl.ylim([0.0, 1.0])
pl.xlabel('False Positive Rate')
pl.ylabel('True Positive Rate')
pl.title('Receiver operating characteristic')
pl.legend(loc="lower right")
pl.show()
```

使用scikit–learn
生成假阳性率及
真阳性率（及相
关阈值）分类

导入依赖包后，代码前 11 行主要进行数据准备，读取真实值和概率值来生成
ROC 曲线。ROC 曲线所需的数据用一行命令进行提取。其余用于生成图的代码可
以从 scikit-learn 文档 [1] 中得到。图 5.5 展示了这些代码的输出图像。

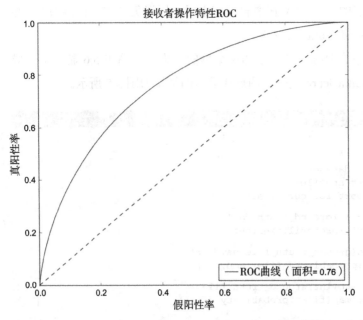

图 5.5　使用测试数据画出的模型 ROC 曲线。ROC 曲线下的面积值为 0.76。

---

[1]　scikit-learn,“Receiver Operating Characteristic (ROC), http://mng.bz/9jBY.

结果显示，我们的训练模型和测试数据生成的 ROC 曲线下的面积为 0.76。为了将其转化为更直观的数字，如果我们选择 ROC 曲线上最接近图 5.5 的左上角的点的阈值，并将该阈值用作区分点击用户和非点击用户之间的明确的分类器，将得到约 0.7 的真阳性率（即当模型预测为点击时，其正确率为 70%），和 0.3 的假阳性率（即，非点击者有 30% 概率被判断为点击）。为了获得这样的效果，找到图中上部曲线最靠近左上角的那个点，并读取其 x 轴和 y 轴的值。然而在实际中，模型不用于分类是否点击，而是用于 5.4.6 节中介绍的方法，来确定展示广告所需的费用。

5.5.4 模型修正

在上一节中，我们提到了没有使用训练模型的输出来创建分类器，而是用了逻辑回归模型的输出来预测点击率。但如果你还记得之前的文章，为了更有效地进行模型训练，我们改变了数据中的正样本事件的频率，使得正样本和负样本比例持平。因此为了获得模型在通常情况下输出的点击率，我们必须修正（calibrate）模型。

此处我们使用的方法取自 Olivier Chapelle 等人的论文 [1]，并结合了一些简单的观察。首先，回想一下，在我们的模型中训练好权重，发生的正样本事件的 log-odds 与输入数据线性相关

$$\frac{\Pr(y=1|\mathbf{x}, \boldsymbol{\beta})}{\Pr(y=-1|\mathbf{x}, \boldsymbol{\beta})} = \beta_0 + \beta_1 x_1 + \ldots + \beta_n x_n$$

在上述等式中我们使用模型概率作为等式的分子和分母。现在我们只考虑数据分布，如果将贝叶斯定律应用于分子和分母的计算并进行简化，可获得以下等式：

$$\frac{\Pr(y=1|\mathbf{x})}{\Pr(y=-1|\mathbf{x})} = \frac{\Pr(\mathbf{x}|y=1)\Pr(y=1)}{\Pr(\mathbf{x}|y=-1)\Pr(y=-1)}$$

考虑到我们仅对点击的负样本进行了采样，在 Chapelle 的论文中使用 Pr' 来表示在采样之后的概率分布，则可以等价地表示如下：

$$\frac{\Pr(y=1|\mathbf{x})}{\Pr(y=-1|\mathbf{x})} = \frac{\Pr'(\mathbf{x}|y=1)\Pr'(y=1)}{\Pr'(\mathbf{x}|y=-1)\Pr'(y=-1)/r}$$

[1] Chapelle et al., "Simple and Scalable Response Prediction for Display Advertising," *ACM Transactions on Intelligent Systems and Technology* 5, no. 4 (January 2014): 1–34.

其中，r 是负样本被采样的比例 [1]。这将得到原始数据集中的正负样本比例与采样数据集后的正负样本比例之间的关系：

$$\frac{\Pr(y=1|\mathbf{x})}{\Pr(y=-1|\mathbf{x})} = r\frac{\Pr'(y=1|\mathbf{x})}{\Pr'(y=-1|\mathbf{x})}$$

因此，回到我们的原始模型方程，

$$\ln\left(r\frac{Pr'(y=1|\mathbf{x},\boldsymbol{\beta})}{Pr'(y=-1|\mathbf{x},\boldsymbol{\beta})}\right) = \beta_0 + \beta_1 x_1 + \ldots + \beta_n x_n$$

或等价于

$$\ln\left(\frac{Pr'(y=1|\mathbf{x},\boldsymbol{\beta})}{Pr'(y=-1|\mathbf{x},\boldsymbol{\beta})}\right) = (\beta_0 - \ln(r)) + \beta_1 x_1 + \ldots + \beta_n x_n$$

你可以用去掉负样本的采样数据集进行训练；但如果希望从模型中获得正样本概率的准确输出，还需进行下一步操作。

可以看出，训练模型的 $\ln(r)$ 将低于未使用采样集时获得的值，所以如果你想纠正这个问题，需要添加 $\ln(r)$ 到结果分数中。别忘了，虽然我们对数据进行了采样，但 Criteo 也同样进行了未知数量的采样！因此我们在没有其他信息的情况下难以进行完整的模型校对。

在本节中，我们广泛介绍并讨论了在线广告点击预测的基本知识。注意，在建立一个良好的模型之上，还需要对这个问题进行更多了解！通常来讲，你必须考虑各类广告客户的竞争需求、衡量效果的方法和你的利润范围。构建一个有效的模型只是开始，许多广告技术公司都有成批的数据科学家来解决这些问题。在下一节中，我们将介绍部署模型时遇到的一些复杂问题。

5.6　构建决策引擎的复杂问题

正如谚语所说，细节是魔鬼。为建立一个有效的点击预测引擎，我们必须发现并解决各种问题。在本节中，我们将提出一些开放问题供大家思考——这些问题到现在为止仍没有被完全解决，在撰写本书时，机器学习的广告技术社区仍在探讨这些问题。在接下来的段落中，我们倾向于从广告的角度进行讨论，但这些问题同样

---

[1]　例如，对初始包含了1000个正样本和9000个负样本的数据集，如果你为了生成一个正负均衡的样本集合，从负样本中抽样了1000个样本，那么你将使用到的r=1/9。

适用于其他领域。

首先，我们讨论训练间隔和频率的问题。我们应多久训练一个模型，它在多长时间内有效？也许你希望在第 n 天训练一个模型并将其用到第 $n+1$ 天，但如果今天的模型不能表示明天的状况会怎样？你也可以用一周的数据来训练模型，或为一周中特定的几天训练特定的模型，以便在相应的日期提供更好的性能，但结果往往事与愿违。因此我们需要一个方法来跟踪或监控模型随时间推移时的效果。

这就是我们要探讨的漂移（drift）问题。如果在第 n 天构建模型并将其应用于随后的日子里，比如 $n+1$、$n+2$ 天等，将很可能会看到模型效果漂移。换句话说，模型的效果会随时间下降。这是因为用户的潜在行为正在改变，在广告世界中，发布者改变广告的内容、某些网站变得不可用，甚至天气变化等都会带来影响！总之，除非实时训练并用每个数据点来更新模型，否则模型在训练完毕时就已经过时了，并且使用时间越久效果越差。

这给我们带来了一个训练流水线问题。请记住，数据会通过网络上数百万次交互行为，持续地流入我们的系统。当这种情况发生时，我们需要持续地获取、定向、存储、预处理、处理数据，并在每个时刻，每小时、每天和每周生成训练数据集。这是一项复杂的任务，需要在工程上付出大量努力。如果你浏览过本书的附录，应该看到收集和处理数据是构成一个更庞大的智能应用系统的流水线（pipeline）中的第一步。流水线一般包含以下步骤：摄入数据、清理数据、采样数据、训练、发布使用，每个步骤在前面的步骤完成后被触发，并处理固定量的数据（例如，一次处理一小时的数据）。

5.7 实时预测系统的前景

在本节中，我们将给出一个现实世界中问题的例子，这个例子需要基于海量的数据来做出实时决策。点击预测是广告领域的一个具体问题，但该问题的许多解决方案可以被很容易地用于其他领域。我坚信实时预测技术未来将在两个重要领域有所突破：数据实时采集和处理，以及自适应和响应式模型。

首先，我们已经讨论了数据流水线的重要性，数据流水线是一种获取、整理、处理数据的方式，为模型训练和部署做好准备。到目前为止，许多系统都是按步骤成批地处理数据的。这样做的原因是，大多数系统都是以这种方式构建的！直到最近才出现了流式处理引擎，比如 Storm、Storm Trident、Spark Streaming 等技术，以及 Google 里令人兴奋的 Millwheel[1] 和 FlumeJava[2]。这些系统有可能改变游戏规则：它们能够以最低的延迟将捕捉到的事件在模型中进行训练并运用起来。之所以能实现这种低延迟，是因为每个数据点单独在流水线中依次处理而不必等待整个批次的数据被处理后再进行下一步。

这将使我们进入第二个重要领域，自适应和响应式模型。通过减少在系统内流动的数据延迟，数据可以更快地在模型训练步骤中运转。如果我们可以减少从某个数据点到该点在模型中体现之间的等待时间，就可以采取更明智的行动来响应事件。这将使我们从批处理训练方法解脱出来，实现真正的在线学习方法，不仅仅以 out-of-core 方式顺序更新模型，而是有能力随着数据到达后驱动模型自动更新。

5.8   本章小结

- 我们建立了一个用于在线点击预测的智能算法。
- 我们提供了智能 Web 时代里一个重要应用的完整介绍，很少有类似应用能够一直被机器学习社区所关注并持续付出努力。
- 我们学习了 out-of-core 机器学习算法库 Vowpal Wabbit，它不需要将所有训练数据都加载到内存就能进行模型训练。
- 我们讨论了 Web 中实时点击预测问题的未来发展。

---

[1]   Tyler Akidau et al., "MillWheel: Fault-Tolerant Stream Processing at Internet Scale," The 39th International Conference on Very Large Data Bases (VLDB, 2013): 734–46.

[2]   Craig Chambers et al., "FlumeJava: Easy, Efficient Data-Parallel Pipelines," ACM SIGPLAN Conference on Programming Language Design and Implementation (ACM, 2010): 363–75.

深度学习和神经网络

6

本章要点

- 神经网络基础知识
- 深度学习导论
- 用受限玻尔兹曼机（RBM）识别数字

　　近年来深度学习技术非常热门，这项技术被普遍认为是机器学习和人工智能领域的巨大进展。在本章中，我们向你拨开表面现象，深入阐述原理。通过本章的学习，你将能够理解构成深度学习网络的基本成分——感知机（perceptron），以及学习如何将感知机组合起来构建深度网络。神经网络（neural network）是感知机的先导知识，因此我们将首先讨论神经网络，然后探索更深、更强大的网络。伴随着网络层次的增加，网络的表示和训练将遇到巨大的挑战，因此在深入之前要确保打牢基础。

　　首先，我们会讨论深度学习的本质是什么，已经用于解决了哪些问题，以及它之所以行之有效的内在原理。这将让你了解深度学习的基本动机，并学习到复杂理论概念的基本框架，对此本章稍后进行讨论。记住，目前这仍然是一个生机勃勃的研究领域，我们推荐你阅读下述文献来跟进该领域的最新进展，Startup.ML[1] 和 KDNuggets[2] 提供了该领域最新进展的一些资源汇总，此外，也强烈建议你自己动手进行研究并做出总结！

6.1　深度学习的直观方法

为了帮助你理解深度学习技术，我们选择了一个图像识别的应用来讲解：给定一张图片或一段视频，应该怎样构建分类器来识别其中的物体呢？类似的使用场景有广泛的应用点，伴随着 the quantified self [3,4] 和谷歌眼镜（Google Glass）的出现，可以设想这些技术能够识别用户所见到的各类物体并通过眼镜来增强视觉效果。

以识别汽车为例，深度学习构建了多个理解层（layers of understanding），每一层都会利用上一层的输出。图 6.1 展示了用来识别汽车的深度网络的若干理解层，这个例子以及其中的图片都转载自 Andrew Ng 的主题演讲稿。[5]

在图 6.1 的底部可以看到一些汽车的图片，它们是训练集合。问题在于我们应该如何利用深度学习来识别出这些图像之间的共同点：即如何判断出它们都含一辆汽车？这里并没有标注好的真实样本（hand-labeled ground truth），算法也没有被告知场景中包含一辆汽车。

从中我们可以看到，深度学习依赖于在更低层次的抽象之上逐步建立更高层概念的抽象。对于这个图像识别的例子，从图片中的最小信息元素——像素开始，整个图像集被用来构建基本特征——回想第 2 章讨论过的从数据中提取结构的内容，这些特征被组合使用以检测诸如直线和曲线等稍高层级的抽象。接着，这些直线和曲线被组合起来用以构建在训练集上能看到的汽车部件，这些部件进一步组合，用以形成一个完整汽车物体的探测器。

---

[1]　Startup.ML, "Deep Learning News," June 30, 2015, http://news.startup.ml.

[2]　KDNuggets, "Deep Learning," www.kdnuggets.com/tag/deep-learning.

[3]　Gina Neff and Dawn Nafus, *The Quantified Self* (MIT Press, 2016).

[4]　Deborah Lupton, *The Quantified Self* (Polity Press, 2016).

[5]　Andrew Ng, "Bay Area Vision Meeting: Unsupervised Feature Learning and Deep Learning," YouTube, March 7, 2011, http://mng.bz/2cR9.

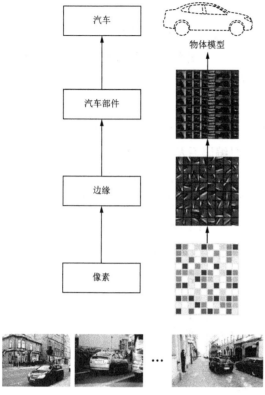

图 6.1 一个识别汽车的深度网络的可视化示意图。部分图示内容转载自 Andrew Ng 的主题演讲。基本训练集的图片用来创建基础的边缘，边缘组合起来后可用来检测汽车部件，而汽车部件组合起来可用来检测物体类型，即例子中的汽车。

这里有两个要指出的重要概念。第一，不存在显性的特征工程（feature engineering）。记得上一章中我们讨论了根据数据构建一个好的表示的重要性，在广告点击预测的背景下讨论了这点，并指出了这往往由该领域的专家们手工完成。但在这个例子中，无监督特征学习已经完成，也就是说，数据表示是在没有明确的用户交互情况下学习出来的。这可能和人类的识别过程类似——事实上我们非常擅长这种模式识别！

第二个重要的事实是，车这个概念并没有显式地被指出。在给予足够多样的图像作为输入集合的条件下，最高层级的汽车探测器能够很好地识别所含有汽车的图片。然而在我们进一步继续之前，要先搞清楚神经网络的基础知识。

6.2 神经网络

神经网络并不是一项新技术，它在 1940 年前后就已经诞生了。它的概念受到生物学的启发：若干相互连接的神经元的输入，可以激活一个输出神经元。神经网络也被称为人工神经网络（artificial neural networks），这是因为它们人工地实现了类似人类神经元的功能。Jeubin Huang[1] 从生物学上介绍了人类大脑。虽然人类大脑的许多功能仍然是一个谜，但我们已经能够理解它的基本运行规律——如何产生意识则是另一回事。

　　大脑中的神经元使用许多树突（dendrites）来收集其他神经元的正向（激发的）和负向（抑制的）的输出信息，并进行电信息编码后发送给一个轴突（axon）。这个轴突将信息分发给成百上千个所连接的其他神经元树突。在轴突和后续神经元的输入树突之间，存在一个小的间隙，这个间隙被称为突触（synapse），将电信息转化为化学输出，然后激发下一个神经元的树突。在这个场景中，学习是由神经元本身编码的。只有在整体激发足够大的情况下，神经元才将消息发送给轴突。

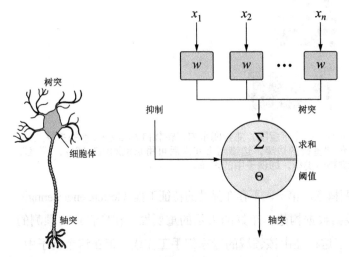

图 6.2　左边是一个人类生物神经元的示意图，右边展示了一个受人类启发的神经网络结构，该网络使用了加权求和、抑制因子和阈值。

　　图 6.2 展示了人类的生物神经元结构，和由 McCulloch 和 Pitts 开发的被称为 MCP 模型[2] 的人工神经元的示意图。这个人工神经元是由一个简单的求和与阈值构成的，按下面的方式运行：类似树突的结构接收输入信息，这些信息是正值的逻辑

1　Jeubin Huang, "Overview of Cerebral Function," Merck Manual, September 1, 2015, http://mng.bz/128W.

2　Warren S. McCulloch and Walter H. Pitts, "A Logical Calculus of the Ideas Immanent in Nervous Activity," *Bulletin of Mathematical Biophysics* 5 (1943): 115–33.

输入，对输入信息加权求和。如果这个数值超过一个指定的阈值，同时没有观察到抑制因子的话，会输出一个正值；如果观察到抑制因子，这个输出就会被抑制。这个输出也可以传递给类似神经元树突的其他输入结构。在不考虑抑制因子的情况下，很容易看出这是一个 n 维空间中带有连接系数的线性模型，其中 n 是神经元的输入值数量。注意，到此时树突的输入来自于不同的源，但理论上讲，如果要强化某个源的重要性的话，可以连接多次到树突，这相当于增加了该输入的权重。

图 6.3 说明了 $n=1$ 时该模型的行为。图中我们使用了一个简单的单位权值（$w=1$）的人工神经元。神经元的输入值在 -10 到 10 之间变动，y 轴是对所有输入值的加权求和。选择阈值为 0 的话，如果输入大于 0，神经元被触发，反之则不会。

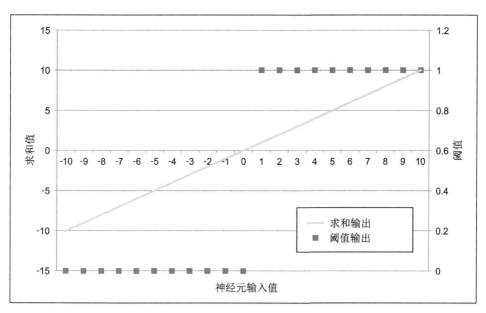

图6.3　不带抑制因子的二维线性模型的 MCP。模型的权值对应于线性模型的系数。在这种情况下，神经元只支持一个输入，为了便于说明，这里把权值设为 1。给定的阈值为 0，当输入值小于或等于 0 时，将抑制神经元的发射，而输入值大于 0 时则会导致神经元触发。

6.3　感知机

在上一节中，我们介绍了 MCP 神经元。这种基本方法显示了它可用来学习和归纳训练数据，但是能力比较有限。为了能实现更强大的功能，研究者们发明了感

知机（perceptron）模型，它在 MCP 模型上增加了三个重要的点：[1,2]

- 增加了阈值偏差（threshold bias）作为求和时的输入。这将达到两个目的，首先，它允许从输入神经元捕获偏差。其次，它意味着输出阈值可以不失一般性地围绕着某个单一值（比如 0）进行标准化。
- 感知机允许输入的权值是独立的和负的。这将产生两个重要的影响，首先，神经元不必为了产生更大的作用而多次连接同一个输入。第二，任何权值为负的树突输入都会被抑制（尽管并非完全如此）。
- 感知机的发展体现了在给定输入和输出数据集的情况下训练最佳权重的算法的发展。

图 6.4 展示了这个新扩展的模型。与前面一样，输入值经过加权求和得到一个中间值，但新增了偏差值 w_0。在训练阶段，这个偏差值会和输入权值一起被训练出来，中间值（这里用 a 表示）被传递给阈值函数，得到最终结果 y。后续章节将对此过程做进一步介绍。

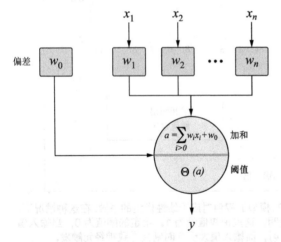

图 6.4　感知机接收输入 x_1 到 x_n 后，乘以相应的权重，并加上感知机偏差 w_0，其结果用 a 表示。接着将 a 传入一个阈值函数来生成输出结果。

[1]　Frank Rosenblatt, *The Perceptron—A Perceiving and Recognizing Automaton* (Cornell Aeronautical Laboratory, 1957).

[2]　Rosenblatt, "The Perceptron: A Probabilistic Model for Information Storage and Organization in the Brain," *Psychological Review* 65, no. 6 (November 1958): 386–408.

6.3.1 模型训练

现在你已经知道了，神经网络是由很多个称为感知机的基本元素组成的。接下来让我们先学习一下是怎样训练一个单独的感知机的。训练一个感知机指的是什么呢？让我们用逻辑"与"（AND）功能的具体例子来说明。考虑一个有两个二元输入和一个在 0 附近的二元阈值激活函数的感知机，如何训练权值，来使得当且仅当两个输入都为 1 时，感知机输出 1。换句话说，我们如何选择取值连续的权值，来使得当输入都是 1 时加权和大于 0，并且在其他情况下加权和小于 0。让我们把这个问题公式化。设二元输入向量为 $\mathbf{x}$，取值连续的输入权值向量为 $\mathbf{w}$：

$$\mathbf{x} = (x_1, x_2), \quad \mathbf{w} = (w_1, w_2)$$

因此，对于二元输入 x_1 和 x_2 的组合来说，学习出权值来使得下述约束为真：

$$\mathbf{x} \cdot \mathbf{w} = \begin{cases} >0, & \text{如果} x_1 = x_2 = 1 \\ \leqslant 0, & \text{其他} \end{cases}$$

遗憾的是，问题还没有得到解决！有两种选择使得这个问题易于处理：要么允许阈值变动，赋予一个不等于 0 的值；要么引入偏移量。这两者是等价的。本文中选择后者，得到新的向量：

$$\mathbf{x} = (1, x_1, x_2), \quad \mathbf{w} = (w_0, w_1, w_2)$$

现有的等式保持不变。你将看到，通过小心选择权值，就可以创建逻辑与（AND）函数。考虑如下例子，其中 w_1=1、w_2=1、w_0=-1.5。表 6.1 提供了从感知机和逻辑与函数的输出。

表 6.1 对比感知机的输出和逻辑与函数的输出——如果输入都等于 1 时会返回 1。结果来自于如下例子：w_1=1、w_2=1 以及 w_0 = -1.5。

x_1	x_2	w_0	加权求和	加权求和的输出值	x_1 与 x_2
1	0	−1.5	−0.5	负值	0
0	1	−1.5	−0.5	负值	0
0	0	−1.5	−1.5	负值	0
1	1	−1.5	0.5	正值	1

现在我们知道的确能够用感知机来表示逻辑与，我们要做的是开发一个系统性的方法来有监督地训练出权值。换句话说，给定包含输入和输出的数据集，如何学

习出感知机的权值（这个例子中是线性的）？我们可以用 Rosenblatt[1,2] 开发的感知机算法来实现。清单 6.1 中的代码是用以学习的伪码。

清单 6.1　感知机学习算法（1）

```
Initialize w to contain random small numbers

For each item in training set:
    Calculate the current output of the perceptron for the item.
    For each weight, update, depending upon output correctness.
```

到目前为止一切都好，看起来很容易，是吧？我们从用一些小的随机值赋予权值开始，然后遍历数据点，并根据感知机的正确性来更新权值。事实上，只有在输出错误的时候更新权值；否则，保持权值不变。再者，我们更新权值来使得它们在大小上与输入向量更接近，但同时在符号上与输出一致。更正式的表达如清单 6.2 所示的伪代码所示。

清单 6.2　感知机学习算法（2）

```
Initialize w to contain random small numbers
For each example j:
```
$$y_j(t) = \sum_k w_k(t) \cdot x_{j,k}$$ ◁—— 计算当前（时间 t）给定权值时感知机的输出

```
    For each feature weight k:
```
$$w_k(t+1) = w_k(t) + \eta(d_j - y_j(t)) \cdot x_{j,k}$$ ◁—— 更新特征。注意这里通常是向量操作而不是for循环

仅当期望输出值 d_j 不等于实际输出值时，特征才被更新。在更新时，我们将权值的符号移到与正确的输出一致，但大小则由相应输入给定，并经 η 调节。η 表示算法中更新权值的速度

当输入数据是线性可分时，上述的算法会保证收敛到一个解。[3]

6.3.2　用 scikit-learn 训练感知机

在前面的章节中，我们介绍了神经网络的最简单的形式——感知机，讨论了

[1]　Rosenblatt，"The Perceptron: A Probabilistic Model for Information Storage and Organization in the Brain."

[2]　Rosenblatt, *Principles of Neurodynamics; Perceptrons and the Theory of Brain Mechanisms* (Spartan Books, 1962).

[3]　Brian Ripley, *Pattern Recognition and Neural Networks* (Cambridge University Press, 1996).

该算法如何训练。现在我们转到 scikit-learn，探索如何利用一些实际数据来训练一个感知机。清单 6.3 中的代码提供了执行程序时要导入的包，同时创建数据点的NumPy 数组。

清单 6.3　为感知机学习创建数据

```
import numpy as np
import matplotlib.pyplot as plt
import random
from sklearn.linear_model import perceptron

data = np.array([[0,1],[0,0],[1,0],[1,1]])
target = np.array([0,0,0,1])
```

创建包含4个数据点的NumPy数组

给这些数据点设定类别。本例中，只有数据点x = 1，y = 1的目标类别是1；其他数据点的类别为0。

在清单 6.3 中，我们为单个感知机例子导入了必要的软件包，创建了只有 4 个数据点的非常小的数据集。这个数据集包含在命名为 data 的 NumPy 数组中。每个数据点被赋予了类别 0 或者 1，这些类别存储在命名为 target 的数组中。图 6.5 提供了这些数据的图形化概览。

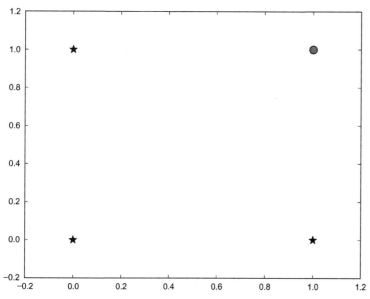

图 6.5　单一感知机的数据的图形化概览。带类别标签 1 的数据由圆点表示，而带类别标签 0 的数据则由五角星表示。感知机的目标是把这些点分开。

在图 6.5 中，唯一赋予正值类别（带有标签 1）的数据点位于坐标 (1,1)，并由一个圆点表示。其他所有的数据点关联到负值类别。下面的程序清单 6.4 提供了训练简单感知机并返回系数（w_1、w_2 分别与 x_1、x_2 关联）和偏差 w_0 的示例代码。

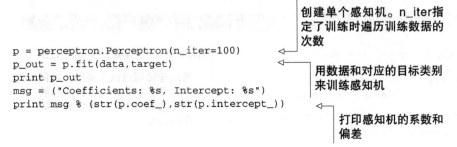

清单 6.4　训练单一感知机

```
p = perceptron.Perceptron(n_iter=100)
p_out = p.fit(data,target)
print p_out
msg = ("Coefficients: %s, Intercept: %s")
print msg % (str(p.coef_),str(p.intercept_))
```

创建单个感知机。n_iter指定了训练时遍历训练数据的次数

用数据和对应的目标类别来训练感知机

打印感知机的系数和偏差

输出结果类似于下面的内容：

```
Perceptron(alpha=0.0001, class_weight=None, eta0=1.0, fit_intercept=True,
    n_iter=100, n_jobs=1, penalty=None, random_state=0, shuffle=False,
    verbose=0, warm_start=False)
Coefficients: [[ 3.  2.]] ,Intercept: [-4.]
```

第一行提供了训练感知机时需要使用的参数；第二行提供了感知机的输出权值和偏差。当你运行这个程序时，输出的系数和偏差如果和这里所列的数值略有不同是正常的，不必担心，这是因为问题的求解方式有很多种，算法会返回其中任意一个。建议你进一步阅读 scikit-learn 的文档来更好地理解这些参数的含义。[1]

6.3.3　两个输入值的感知机的几何解释

前面的例子已经成功地训练好了单个感知机并返回了权值和偏差。太棒了！但我们怎么直观地解释这些权值呢？幸运的是，在二维空间中这很容易，同时也可以将这个直观解释扩展到更高维的空间。

考虑只有两个输入值的感知机。从图 6.4 中可知

$$y = w_0 + w_1 x_1 + w_2 x_2$$

这个看起来像是你所熟悉的关于 x_1、x_2 和 y 的平面方程（三维）。如果说它们并不相同，那只是由于这是平面和图 6.5 的视平面相交得到的一条直线。从图 6.5 的视角来看，直线一边的点对应于 $\mathbf{x} \cdot \mathbf{w} > 0$，另一边的点对应于 $\mathbf{x} \cdot \mathbf{w} < 0$，而直线上的点则对应于 $\mathbf{x} \cdot \mathbf{w} = 0$。让我们回到前面的具体例子并将其可视化。用刚才所学习

---

[1]　scikit-learn, "Perceptron," http://mng.bz/U20J.

出来的系数，得到一个由如下方程所确定的平面：

$$y = -4 + 3x_1 + 2x_2$$

y 的值是在 (x_1, x_2) 平面的 90° 的位置，因此可以认为是从观察者的眼睛穿过视平面的直线。y 在视平面上的值是 0，因此用 $y=0$ 替换前面的方程，即可得到两个平面的交线：

$$0 = -4 + 3x_1 + 2x_2$$

$$4 - 3x_1 = 2x_2$$

$$x_2 = \frac{4}{2} - \frac{3}{2}x_1$$

上述最后一行是直线的标准形式，现在我们需要做的就是绘制这条直线，看看感知机是如何分割训练数据的。程序清单 6.5 提供了相关的代码，输出如图 6.6 所示。

清单 6.5　绘制感知机的输出

```
colors = np.array(['k','r'])
markers = np.array(['*','o'])

for data,target in zip(data,target):
plt.scatter(data[0],data[1],s=100,
    c=colors[target],marker=markers[target])

grad = -p.coef_[0][0]/p.coef_[0][1]
intercept = -p.intercept_/p.coef_[0][1]

x_vals = np.linspace(0,1)
y_vals = grad*x_vals + intercept
plt.plot(x_vals,y_vals)
plt.show()
```

设置颜色数组，绘制数据点：黑色五角星表示类别0，红点表示类别1

计算出直线的参数（两平面的交线）

创建数据点，并绘制两平面的交线

我们绘制了 4 个数据点，以及感知机学习出来的分割平面在视平面上的投影。这为我们提供了如图 6.6 所示的一个分割。一般的，对于更多的输入变量，可以认为是存在于 n 维空间中的点，感知机会用 $n+1$ 维的超平面来分割这些点。现在你应该能看出，带有阈值激活的感知机的基本的线性形式，相当于用超平面来分割数据集。因此，这类模型只对线性可分割的数据有用；反之，则无法将数据分割为正值和负值两类。

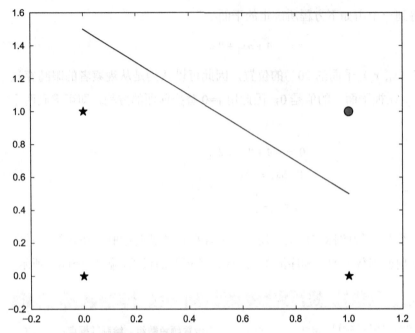

图 6.6　分割平面在视平面上的投影（y=0）。图中直线右上方的点满足约束 w·x>0，而直线左下
方的点则满足约束 w·x<0。

6.4　多层感知机

在前面的章节中，我们从整体上概览了深度学习，同时初步讲解了神经网络的
基本知识，特别是神经网络的基本单元感知机。此外，我们也证实了感知机的基本
形式等价于线性模型。

为了实现非线性分割，我们可以保留简单的阈值激活函数，同时增加网络结构
的复杂性，来创建所谓的多层前馈网络（multilayer feed-forward networks）。这是感
知机按层组织的网络，当前层的输入是由上一层来提供的，同时输出则作为下一层
的输入。前馈（feed-forward）来自这样一个事实：网络中的数据流动只能从输入到
输出，不能反向流动，从而不存在环。图 6.7 扩展了图 6.3 所用的记号，用图形化
的方式总结了这一概念。

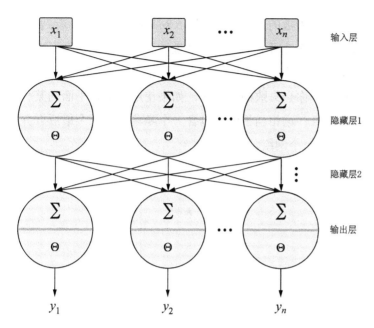

图 6.7 多层感知机。 从上往下看，它是由输入层（向量 x），若干隐藏层，以及返回向量 y 的输出层组成的。

为了演示对非线性可分数据的处理能力，我们使用一个虽然很小但却无法在单个感知机上实现的例子：异或（XOR）函数。这个例子来自 Minsky 和 Papert 在 1969 年编写的 *Perceptrons: An Introduction to Computational Geometry* 一书。[1] 接下来让我们考虑如何用两层感知机拟合这个函数，并讨论用反向传播算法训练这样的网络。观察表 6.2 所示的异或函数。

表 6.2 异或函数的输入和输出值。x_1 和 x_2 有且只有一个为 1 的时候，输出 1；
都为 1 或者都为 0 的话，则输出 0。

x_1	x_2	输出
0	0	0
0	1	1
1	0	1
1	1	0

---

[1] *Perceptrons: An Introduction to Computational Geometry*，由 Marvin Minsky 和 Seymour Papert 编写（MIT Press，1969），这是一本有趣且充满历史争议的书籍，往往被认为阻碍了多层感知机很多年的发展。这来自于 Minsky 和 Papert 对多层感知机缺乏计算潜力的疑虑（并且暗示了因为低层的感知机无法表述特定的函数类型，例如 XOR，因此多层感知机也可能做不到）。这也许导致了研究者在后续的若干年里放弃了该方法。

使用与图 6.5 相同的约定，异或函数的图形显示如图 6.8 所示。正如你所看到的，异或函数的输出在二维空间中是非线性可分的，也就是说，无法用一个超平面来完美地分割正值类和负值类。如果你试着在这个图上任意画一条直线，想要使得正值类在一侧，而负值类在另一侧——你会失败的！然而，如果使用多个超平面的某种组合，我们就可以分割这些数据点。这相当于创建包含一个隐藏层和一个最后合并输出层的网络。图 6.9 展示了这样一个网络。

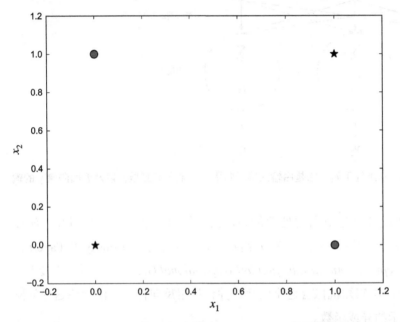

图 6.8 异或函数的图形化表示。圆圈表示正值类，五角星表示负值类。无法用单一一个超平面分割开这些数据点，也就是说，数据集不是线性可分的。

这里展示的是一个带有两个输入值和一个输出值的两层网络。每个隐节点和输出节点都带有偏差项。在之前的内容中，偏差始终等于 1，只有权值会被改变。而在这里，允许节点的激活配置和偏移在训练中学习出来，花点时间说服自己这是可行的。

像图 6.6 所示的单个感知机的例子一样，每个隐节点创建一个超平面，这些节点汇聚到一起形成一个最终感知机。这个最终感知机是一个作用在被观察的两个条件上的逻辑与门。第一个条件如图 6.10 所示，输入在 (x_1, x_2) 空间底部直线上方的部分；第二个条件是图 6.10 的顶部直线下方的部分。因此，这个两层感知机切出一块斜对角空间，该空间里恰好包含有训练集中的两个正值样本，且不包含负值样本。如此便成功地分割了非线性可分的数据集。

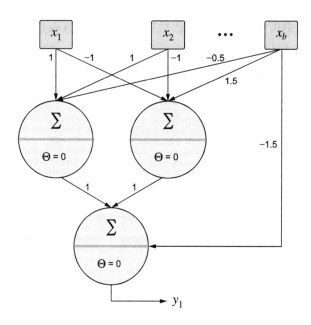

图 6.9　两层感知机可以分割非线性可分的函数 (XOR)。连接线上的值表示了这些连接的权值。引入偏差项确保了激活阈值为 0 时的正确操作。从概念上看，隐藏层的两个神经元对应于两个超平面。最终的组合感知机等价于隐藏层的两个神经元的输出的逻辑与。这可以被认为是挑出隐藏层的两个神经元在 (x_1, x_2) 平面中同时激活的区域。

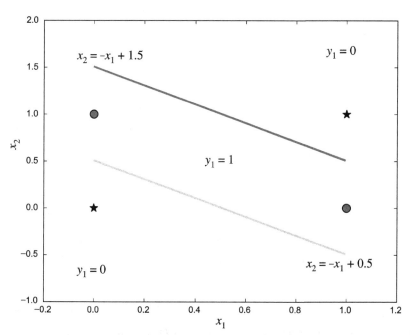

图 6.10　用图 6.9 给出的神经网络分割一个非线性可分数据集。图 6.9 中左边的神经元与视平面相交形成底部直线，而右边的神经元（与视平面相交）则形成顶部直线。当输入在底部直线上方时，左边的神经元发射输出 1；而只有当输入在顶部直线下方时，右边的神经元发射输出 1。当且仅当这两个约束同时满足时，最后复合神经元发射输出 y_1=1。因此，只有当数据点处于上下两条直线中间的狭窄地带时，网络才输出 1。

在本节中，我们探索了把神经网络用于非线性可分的数据集上。用异或函数作为例子，可以看出用神经网络分割非线性可分的集合是完全可行的，同时也能够用几何方法直观地理解它的工作方式。然而我们仍然缺少一个重要的步骤，那就是要能够自动从训练数据集中训练出网络的权值。这些权值接着便能够用来分类和预测原始输入之外的数据。这正是下一节的主题。

6.4.1　用反向传播训练

在前面的例子中，我们使用阶梯函数（step function）作为神经元的激活函数，也就是说，超过某个阈值时神经元就被发射。遗憾的是，这样的网络难以自动训练。这是由于阶梯函数无法用任何方式对不确定性进行编码，也就是说，要确定阈值很困难。

也许更合适的做法是，使用一个近似于阶梯函数但更平滑的函数。如果某个权值发生了微小的变化，会带动网络也发生微小的变化。这就是我们要做的，把阶梯函数换成一个更一般的激活函数。接下来，我们先简要介绍常见的激活函数，然后解释激活函数的选择是如何帮助我们推导出训练算法的。

6.4.2　激活函数

让我们花点时间来看看适用于感知机的一些激活函数。我们已经看过最简单的一个例子——阈值固定为 0、偏移量为 0 的函数，对应图 6.3 所示的输出曲线。除此之外，我们还能做点什么呢？图 6.11 展示了几个其他函数的激活曲线。这些函数的定义如下：

- 平方根（square root）——定义为 $y = \sqrt{x}$，定义域为 [0, inf]，值域为 [0, inf]。
- 逻辑函数（logistic）——定义为 $1/(1+e^{-x})$，定义域为 [–inf , inf]，值域为 [0, 1]。
- 负指数（negative exponential）——由 e^{-x} 给出，定义域为 [-inf, inf]，值域为 [0, inf]。
- 双曲函数（hyperbolic，tanh）——定义为 $(e^{x} - e^{-x}) / (e^{x} + e^{-x})$。这个函数等价于输出值变换到不同值域的逻辑函数。定义域为 [-inf, inf]，值域为 [-1, 1]。

一般来说，使用这样的激活函数，我们能够创建和训练多层神经网络，来拟合其他大量的函数。这些激活函数最重要的特点是可微性，这会在下一节中进行解释。

而本章的其余部分，我们将使用第 4 章中遇到过的逻辑函数，它有合适的定义域和值域，也经常为各类文献所采用。

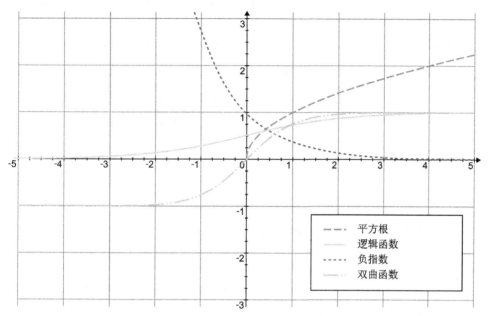

图 6.11　值域跟图 6.3 一样的几个激活函数的输出曲线。平方根、逻辑函数、负指数和双曲函数等的激活曲线。

逻辑回归、感知机和广义线性模型

回想第 4 章我们介绍的逻辑（logistic）回归的概念。我们认为，线性响应模型并不适合用于概率估计，因而调整 logistic 响应为曲线来创建一个更合适的响应。从这点出发，我们推导出对数几率（log-odds）对于权值和输入变量的组合是线性的，并用于分类问题。

在这一章，我们从一个基本的生物概念出发，建立相应的计算形式来仿真。我们完全没有讨论概率，而是从神经元激活的立场出发。凭着直觉扩展到更一般的概念，并获得相同的方程：

$$y = \frac{1}{1 + e^{-(w_0 + w_1 x_1 + \ldots + w_n x_n)}}$$

事实上，我们这里所遇到的是一类被称为广义线性模型（generalized linear

models (GLM)）[a] 的更普遍的问题。在这类模型中，线性模型 ($w_0 + w_1 x_1 + \ldots + w_n x_n$)与输出变量通过一个连结函数（link function）相联。在这个例子中，连结函数是逻辑函数 $1/(1 + e^{-x})$。

　　在机器学习领域中，很多算法和概念是等价的。本书中就有这样的情况。回想 2.5 节，那里讨论了下面两个等价的概念：带有绑定和耦合协方差的高斯混合模型的期望最大化（EM），以及 vanilla k-means 算法。这通常是由于不同的研究人员从各自的出发点，扩展基本单元，研究和探索出的相同内容。

---

a. Peter McCullagh and John A. Nelder, Generalized Linear Models (Chapman and Hall/CRC, 1989).

6.4.3　反向传播背后的直观理解

　　为了对反向传播算法背后的思想进行直观理解，我们再次使用前面描述的异或函数的例子，但这次我们并不手动指定这些权值，而是尝试着训练出来。此外，需要注意的是，从这里开始，激活函数将使用 sigmoid（logistic）。图 6.12 展示了这个新网络的图形化概况。

　　我们要做的是用指定的训练数据集学习出 $w(a,b)\ \forall a,b$。更具体的，当数据集的输入应用到网络中的时候，我们是否能够想出一个算法，使得整个数据集的误差（y_1的预测值和实际值之差的平方）最小？

　　解决该问题的一种方法是被称为反向传播（backpropagation）的算法。该算法的运行过程大致如下：首先，用随机值初始化所有权值；接着，传递一个训练数据项给网络，然后计算输出误差，并将该误差在网络里反向传播（backpropagate）——就是这个名字的来历。传播过程中网络里的每个权值，沿着能够最小化网络误差的方向改变。不断重复上述过程，直到满足某个终止条件：比如，达到迭代次数，或者网络已经收敛。

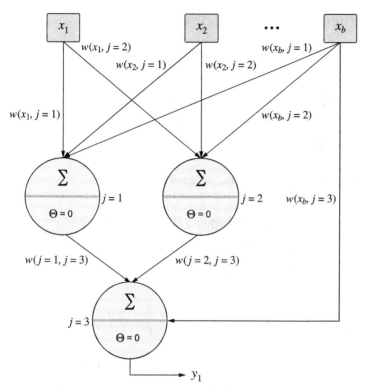

图 6.12 反向传播例子的概览。给定一组输入 x_1、x_2 和目标变量 y_1，在 x_1 和 x_2 上执行异或函数，我们能否学习出 w 值，使得训练值和网络输出的差的平方最小化？在这个例子中，我们使用逻辑激活函数：$\theta = 1/(1 + e^{-(w_0 + \sum_j w_j x_j)})$。

6.4.4 反向传播理论

为了便于理解，反向传播的更新规则可以分成两部分：更新通向输出神经元的权值，以及更新通向隐藏神经元的权值。两者在逻辑上是相同的，但后者在数学上有点棘手。由于这个原因，我们在这里只讨论前者以给你提供整体的概念。如果你想了解完整的形式，可以看看那篇发表于《自然》上的开创性论文。[1]

关于训练首先要介绍的是，单个权值的变化是如何影响输出误差的。只有通过这个过程我们才能够沿着最小化输出误差的方向改变权值。让我们从计算输出误差相对于下层的某个特定输入权值的偏导数（partial derivative）开始。也就是假设其

---

[1] David E. Rumelhart, Geoffrey E. Hinton, and Ronald J. Williams, "Learning Representations by Back-Propagating Errors," *Nature* 323 (October 1986): 533–36.

他所有权值保持不变。我们用链式法则（chain rule）完成计算：

$$\frac{\delta E}{\delta w(i,j)} =$$ 　　权值变化时的误差变化率

$$\frac{\delta E}{\delta o(j)} \times$$ 　❶ 给定激活函数的输出时的误差

$$\frac{\delta o(j)}{\delta n(j)} \times$$ 　❷ 给定输入的加权和，激活函数的
　　　　　　　　　输出

$$\frac{\delta n(j)}{\delta w(i,j)}$$ 　❸ 输入的加权和，以及一个单独的
　　　　　　　　　权值

简单来说，输出误差的变化率通过❶、❷和❸的变化率与权值关联起来。

前面介绍过，使用逻辑激活函数是因为能使训练过程变得容易。这主要是因为该函数是可微的。现在你应该明白为什么这是必要的。方程中的第❷项，相当于激活函数的导数，公式为：

$$\frac{\delta o(j)}{\delta n(j)} = \frac{\delta}{\delta n(j)} \theta(n(j)) = \theta(n(j))(1 - \theta(n_j))$$

也就是说，激活函数输出的变化率可以写成激活函数本身！如果可以计算❶和❸，我们就知道朝着哪个方向改变特定的权值可以最小化输出误差。事实证明这是可行的。直接求第❸项的微分可得到：

$$\frac{\delta n(j)}{\delta w(i,j)} = x_i$$

这表明，激活函数的输入相对于某个连结 i 和 j 的权值的变化率，仅由 x_i 的值给出。这是因为，当我们只关注输出层时，根据误差的概念展开❶项给定的输出，求得输出误差的微分为：

$$\frac{\delta E}{\delta o(j)} = \frac{\delta}{\delta o(j)} (o_{expected} - o(j))^2 = 2(o(j) - o_{expected})$$

现在我们可以表述出，对于一个通向输出节点的权值的完整更新规则为：

$$-\alpha x_i 2(o(j) - o_{expected}) \theta n(j)(1 - \theta(n_j))$$

因此，权值的更新依赖于如下三个相关项的输入值：该权值本身、输出值和期望值的差，以及在给定输入和权值时激活函数的导数的输出。请注意，我们添加了一个负号和一个 α 项。前者保证了我们在向着减少误差的方向移动，而后者决定

了在这个方向上的移动速度。

讲到这里你应该已经领会了通向输出层的权值是如何被更新的，和这个类似，内层更新函数遵循了几乎相同的逻辑。但是我们必须使用链式法则来求解出，内部节点的输出值对整个网络误差的贡献：也就是说，我们必须算出从问题中的节点到输出节点的路径上所有输入/输出的变化率。只有这样，输出误差的变化率才能够用内部节点的权值的变化率来评估，这就引出了反向传播的完整形式。[1]

6.4.5　scikit-learn 中的多层神经网络

假设你已经理解了多层感知机（MLP）以及利用反向传播训练的理论，现在让我们回到 Python 代码实例。由于 scikit-learn 没有实现 MLP，我们将使用 PyBrain。[2] PyBrain 专注于构建和训练神经网络。清单 6.6 提供的代码片段，构建了一个等效于图 6.12 所示的神经网络。运行此代码所需要的相关导入，请参阅本书的网站上提供的完整代码。

清单6.6　用 PyBrain 构建多层感知机（1）

```
# 创建网络模块
net = FeedForwardNetwork()
inl = LinearLayer(2)
hidl = SigmoidLayer(2)
outl = LinearLayer(1)
b = BiasUnit()
```

我们首先创建了一个 FeedForwardNetwork 对象，还创建了神经元的输入层（inl）、输出层（outl）和隐含层（hidl）。请注意，输入层和输出层使用了（vanilla）激活函数（阈值为 0），而隐含层为便于训练（前面讨论过）而使用了 sigmoid 激活函数。最后，我们创建了一个偏差单元。由于还没有将这些层连接起来，故而尚未形成神经网络，这正是程序清单 6.7 要做的。

清单6.7　用 PyBrain 构建多层感知机（2）

```
# 创建连接
in_to_h = FullConnection(inl, hidl)
h_to_out = FullConnection(hidl, outl)
bias_to_h = FullConnection(b,hidl)
```

[1]　Rumelhart et al., "Learning Representations by Back-Propagating Errors," 533–36.

[2]　Tom Schaul et al., "PyBrain," *Journal of Machine Learning Research* 11 (2010): 743–46.

```
bias_to_out = FullConnection(b,outl)

# 把模块加入网络
net.addInputModule(inl)
net.addModule(hidl);
net.addModule(b)
net.addOutputModule(outl)

# 把连接加入网络并排序
net.addConnection(in_to_h)
net.addConnection(h_to_out)
net.addConnection(bias_to_h)
net.addConnection(bias_to_out)
net.sortModules()
```

现在我们创建连接对象，并将前面创建的神经元（模块）和它们的连接加入到
FeedForwardNetwork 对象中。调用 sortModules() 以完成网络的实例化。

在继续之前，让我们花一点时间来钻研 FullConnection 对象。在这里创建
了该对象的 4 个实例并传递给网络对象。这些构造函数的签名接受两个网络层，并
且该对象内部会在第一层中的每一个神经元和第二层中的每一个神经元之间创建连
接。最后那个方法对 FeedForwardNetwork 对象内的模块进行排序并执行一些内
部初始化。

现在，我们有了一个相当于图 6.12 的神经网络，需要训练出它的权值！为此
我们还需要一些数据。程序清单 6.8 提供了完成该任务的代码，它们大部分来自
PyBrain 的文档。[1]

清单 6.8   训练神经网络

```
d = [(0,0),                          ◄─── 创建数据集，以及能够
     (0,1),                               反映异或函数的目标
     (1,0),
     (1,1)]

#target class
c = [0,1,1,0]                                      创建一个空的PyBrain
                                                   的SupervisedDataSet
data_set = SupervisedDataSet(2, 1) # 2 inputs, 1 output ◄───

random.seed()                        ◄───
for i in xrange(1000):                    随机抽取4个数据点1000次，
    r = random.randint(0,3)               并添加到训练集
    data_set.addSample(d[r],c[r])
```

---

[1]   PyBrain Quickstart, http://pybrain.org/docs/index.html#quickstart.

```
backprop_trainer = \
BackpropTrainer(net, data_set,
        learningrate=0.1)
```

用这个网络、数据集和学习速率，创建一个新的反向传播训练器对象

```
for i in xrange(50):
    err = backprop_trainer.train()
    print "Iter. %d, err.: %.5f" % (i, err)
```

用这1000个数据点执行反向传播50次。每次迭代后打印误差

正如 6.4.4 节介绍的，反向传播会遍历权值空间，以达到输出项和预测值之间的误差的极小值。每次调用 train() 会更新权值，从而使得神经网络更好地表示生成数据的函数。这意味着我们可能需要一个合理数量的数据（对于 XOR 这个例子，4 个数据点不足以把结果分割出来！）来调用 train()。为了解决这个问题，我们根据 XOR 的分布生成大量数据点，并把它们用在反向传播中训练网络。正如你所看到的那样，train() 的一系列调用成功地减少了网络输出和指定目标之间的误差。找到全局最小值所需的确切的迭代次数取决于很多因素，其中之一是学习速率（learning rate），它控制了在每次训练周期中权值更新的速度。较小的因子将需要更长的时间来收敛——也就是找到全局最小值——或者在优化曲面非凸的情况下陷入局部最优；而较大的因子会让寻找过程更快，但也有可能跳过全局最小值。看一下程序清单 6.8 的输出就能够对这个概念有所了解：

```
Iteration 0, error: 0.1824
Iteration 1, error: 0.1399
Iteration 2, error: 0.1384
Iteration 3, error: 0.1406
Iteration 4, error: 0.1264
Iteration 5, error: 0.1333
Iteration 6, error: 0.1398
Iteration 7, error: 0.1374
Iteration 8, error: 0.1317
Iteration 9, error: 0.1332
...
```

从迭代的数据中可以看出，连续的迭代逐步减少了网络输出结果的误差。我们知道至少存在一个解，但反向传播并不保证一定会找到它。在某些情况下，误差会减少到某个无法进一步改善的值。如果学习速率太小并且误差曲面非凸（也就是存在局部最优），这就可能发生。另外，如果学习速率过大，它可能在全局最优解附近跳跃，或者甚至会跳出这块误差空间区域从而陷入局部最小值，或者也可能在次优解（或者局部解）之间跳跃。在这两种情况下，结果都是相同的：找不到全局最小值。

由于结果取决于权重的初始值，我们不能确保你自己的例子也能够迅速收敛，

所以请尝试变换初始值后多运行几次，也可以用清单 6.8 中的例子和学习速率进行实验。有一个问题是，学习速率应该设为多大才能确保在大多数时间中算法不陷入局部最优解呢？在实践中，学习速率的选择总是在寻找最优解和收敛速度之间进行权衡，所以你总会想选择能够获得正确答案的最大的学习速率，对它进行实验，直到训练出一个收敛到误差为 0 的网络为止。

6.4.6　训练出来的多层感知机

在前面的例子中，我们用 PyBrain 创建了多层感知机（MLP），并训练了模拟异或函数的多层感知机。如果前面的输出误差达到 0 的话，就可以把模型用在接下来的这一节中了。首先，让我们查询模型来获得图 6.12 所示的网络的权值。清单 6.9 告诉你如何做到。

清单 6.9　获取训练出来的神经网络的权值

```
# 打印 net.params
print "[w(x_1,j=1),w(x_2,j=1),w(x_1,j=2),w(x_2,j=2)]: " + str(in_to_h.params)
print "[w(j=1,j=3),w(j=2,j=3)]: "+str(h_to_out.params)
print "[w(x_b,j=1),w(x_b,j=2)]: "+str(bias_to_h.params)
print "[w(x_b,j=3)]:" +str(bias_to_out.params)

> [w(x_1,j=1),w(x_2,j=1),w(x_1,j=2),w(x_2,j=2)]: [-2.32590226 2.25416963-
    2.74926055 2.64570441]
> [w(j=1,j=3),w(j=2,j=3)]: [-2.57370943 2.66864851]
> [w(x_b,j=1),w(x_b,j=2)]: [ 1.29021983 -1.82249033]
> [w(x_b,j=3)]:[ 1.6469595]
```

执行清单 6.9 所示的代码，其输出结果提供了神经元的训练输出，也许你的运行输出结果可能与它有所不同，没关系，重要的是网络的行为要是正确的。你可以通过用输入激活网络并检查输出是否和预期一致来验证这个，看一下程序清单 6.10。

清单 6.10　激活神经网络

```
print "Activating 0,0. Output: " + str(net.activate([0,0]))
print "Activating 0,1. Output: " + str(net.activate([0,1]))
print "Activating 1,0. Output: " + str(net.activate([1,0]))
print "Activating 1,1. Output: " + str(net.activate([1,1]))

> Activating 0,0. Output: [ -1.33226763e-15]
> Activating 0,1. Output: [ 1.]
> Activating 1,0. Output: [ 1.]
> Activating 1,1. Output: [ 1.55431223e-15]
```

你会看到，对于那些结果应该是正值的模式，我们训练出来的网络的输出非常接近于 1；相反的，对那些结果应该是负值的模式，网络的输出接近于 0。一般来说，正值的测试样本的输出应大于 0.5，而负值的测试样本的输出应小于 0.5。为了确保你能充分理解网络原理，请用本书配套资源中所提供的内容表格，试着修改输入值，并跟踪它们在网络中传递的情况。

6.5 更深层：从多层神经网络到深度学习

许多领域的研究进展是断断续续的，研究可能会停滞一段时间，然后再迅速发展，这通常是由于某个特定的进步或发现所推动的。这种发展过程也同样出现在了神经网络领域。幸运的是，我们正处于一个令人非常兴奋的突破发展阶段，这其中大部分的进展都来自深度学习。在进一步介绍神经网络的简单例子前，我想和你分享一些观点：为什么神经网络会再一次热门起来？哇，这就像是一股完美的潮流。

首先是我们有了比以往更多的数据。互联网巨头拥有海量的图像数据，可以用来做一些有趣的事情。你可能听说过的一个例子是，谷歌 2012 年发表的一篇论文用 1000 万张来自互联网的图片训练出了一个 9 层的神经网络，[1] 用来识别未被标注过的内容，其中最为人所知的是猫脸。这让天平的砝码倾向于这一假设：大量的数据会打败聪明的算法。[2] 仅仅几年前，这种情况还是无法想象的。

第二个进步是理论知识的飞跃。由 Geoffrey Hinton 及其合作者们所引领的研究，让学术界意识到，通过把神经网络中的每一层视作受限玻尔兹曼机（Restricted Boltzmann Machine，RBM），[3,4] 深度网络是能够被高效地训练的。如今许多深度学习网络的确是通过堆叠 RBM 构建的——而且叠加得越来越多。Yann Le Cun、Yoshua Bengio 和其他一些学者在理论上进一步发展了这个领域，建议读者们去查阅他们的

[1] Quoc V. Le, et al., "Building High-Level Features Using Large Scale Unsupervised Learning," ICML 2012: 29th International Conference on Machine Learning (ICML, 2012): 1.

[2] Pedro Domingos, "A Few Useful Things to Know about Machine Learning," *Communications of the ACM* (October 1, 2012): 78–87.

[3] Miguel A. Carreira-Perpiñán and Geoffrey Hinton, "On Contrastive Divergence Learning," Society for Artificial Intelligence and Statistics (2005): 33–40.

[4] G. E. Hinton and R. R. Salakhutdinov, "Reducing the Dimensionality of Data with Neural Networks," Science (July 28, 2006): 504–507.

工作来获得更深入的了解。[1]

6.5.1 受限玻尔兹曼机

本节将介绍受限玻尔兹曼机（Restricted Boltzmann Machines，RBM），更确切地说是一种被称为伯努利受限玻尔兹曼机（Bernoulli RBM，BRBM）的特殊的RBM，我们后续会讲解为什么它属于 RBM 的一种特例。通常，在介绍深度学习的资料中会经常遇到 RBM，因为它们是一类非常优秀的特征学习器。因为这个特点，它们能够经常被用于在深层的网络中作为学习特征的表示，同时它们的输出则可以被进一步作为其他受限玻尔兹曼机（RBM）或者多层感知机（MLP）的输入。回想在 6.1 节中提到的汽车推荐的例子，当时我们介绍了 MLP，而现在则要揭示深度学习在自动化特征抽取方面的应用了！

为此我们将使用 scikit-learn 文档中的一个例子，[2] 该例子用 BRBM 从 scikit-learn的数字数据集中提取特征，然后根据所学的特征，使用逻辑回归来对数据项进行分类。通过实践这个例子，我们将教会你如何着手构建更深层次的网络，并深入蓬勃发展中的深度学习领域。在开始之前，让我们先理解基础知识——什么是 BRBM?

6.5.2 伯努利受限玻尔兹曼机

通常来讲，RBM 是一个二分图，图中一个分区内的节点完全连接到另一个分区内的节点。这个约束来自于一个事实：显式节点只能连接到隐式节点，反之亦然。伯努利 RBM 进一步增加了约束：节点必须是二值的。图 6.13 展示了一个 RBM 的图形化概览。

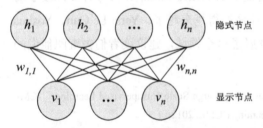

图 6.13 受限玻尔兹曼机的图形化概览。RBM 是显式节点和隐式节点构成的二分图。其中一个分区内的每个节点都完全连接到另一个分区的所有节点上。我们用 h 来表示由隐式节点组成的向量，用 v 来表示由显式节点所组成的向量。注意，每个节点可能带有与之关联的偏差权值，为简单起见图中没有标示出它们。

[1] Yann LeCun, Yoshua Bengio, and Geoffrey Hinton, "Deep Learning," *Nature* 521 (May 2015): 436–44.

[2] scikit-learn, "Restricted Boltzmann Machine Features for Digit Classification," http://mng.bz/3N42.

看起来不错哦，但能用它来做什么呢？线索隐藏在命名的约定中：显式节点是可以观察到的东西，也许就是你用来训练的东西。隐式节点是潜在的，带有未知或模糊的含义。回想在第 3 章介绍推荐系统时所使用的隐式变量，在许多方面和这里有点相似。

接下来你会看到一个用 RBM 进行图像识别的具体的例子。但在此之前还得先了解其原理，有助于你在脑海中形成概念。我们不妨像第 3 章那样，把显式节点看作所喜欢的电影，把隐式节点看作类别。当然，也可以将显式节点看作歌曲或绘画，或任何你想要的东西。本质上，隐式节点捕获数据的隐式分组——在本例中，我们把用户偏好或亲密度应用到电影上来说明这点。通常，显式节点的数量是由问题定义的，对于二元分类问题是两个，对于电影推荐来说就是数据集中电影的数量。通过增加隐式节点的数量，会提升 RBM 对复杂关系建模的能力，但这也可能导致过拟合。Hinton[1] 提供了一种方法：根据数据的复杂性和训练样本的数量来选择隐式节点的数量。类似于带有逻辑激活函数的 MLP，给定隐性变量的值，一个特定的显式节点的发射概率是：

$$P(v_i = 1 \mid \mathbf{h}, \mathbf{W}) = \sigma\left(\sum_j w_{j,i}\, h_j + b_i\right)$$

这里 σ 是逻辑函数

$$\sigma(x) = \frac{1}{1 + e^{-x}}$$

这里 b_i 是关联到显式节点的偏差。简单地说，节点发射的概率等于：所有隐式节点的值乘以权值的和（加上偏差），再通过逻辑函数传递。隐式节点的值的概率通过类似的方法给出，

$$P(h_j = 1 \mid \mathbf{v}, \mathbf{W}) = \sigma\left(\sum_i w_{j,i}\, v_i + c_j\right)$$

这里 c_j 是关联到隐式节点 h_j 的偏差。仔细考查这个偏差。在考虑来自隐式节点和显式节点之间连接的信息之前，它对于这些发射节点的似然概率是有贡献的。很

---

[1]　Geoffrey Hinton, "A Practical Guide to Training Restricted Boltzmann Machines" *in Neural Networks: Tricks of the Trade*, ed. Grégoire Montavon, G. B. Orr, and K. R. Muller (University of Toronto, 2012): 599–619.

多情况下它可以被认为是先验概率。在电影／类别推荐 RBM 的这个例子中，隐式节点的偏差可以是某个视频属于某个特定类别的先验概率；而显式节点的偏差则会是某部电影被某个用户所喜欢的先验概率，这时并不考虑它的类别属性。

　　在实际使用中，RBM 必须被训练，即权值矩阵 **W** 必须从大量的训练实例中学习出来。这些训练实例以显式节点的状态矢量的形式存在。

　　让我们做一个小的思维实验来理解这个训练过程是如何进行的。我们继续之前的类比，即隐式节点代表类别、显式节点代表电影。那么当隐式节点和显式节点对应的类型相互匹配时，它们之间连接的权值期望更大一些。相反，当隐式节点和显式节点不匹配时，它们之间的连接权值更小一些（可以是负的）。要理解其工作原理，考虑只有一个隐式节点的 RBM。比如说，隐式节点代表"动作"这个类型，电影是《壮志凌云》。如果我们激活隐式节点，那么提高显式节点发射的可能性的唯一方法，是连接这两个节点的权值很大。相反，如果我们要激活《壮志凌云》这个显式节点，唯一能够增加相关类别节点发射的似然概率的方法是，使这两个节点之间的连接有一个大的权值。

　　RBM 可以用基于能量的学习来训练。[1] 训练是通过最大化互相连接的隐式节点和显式节点之间的匹配度（agreeance）来进行的。我们用能量（energy）来度量。当隐式节点和显式节点之间更加匹配的时候，这个值会降低。因此在给定训练数据时，减少能量 E 可获得更好的构型（configuration）：

$$E(\mathbf{v}, \mathbf{h}, \mathbf{W}) = -\left(\sum_i \sum_j w_{i,j} v_i h_j + \sum_i b_i v_i + \sum_j c_j h_j \right)$$

　　在该公式里，训练目标是根据训练样本来最小化 $E(\mathbf{v}, \mathbf{h}, \mathbf{W})$。一旦训练完成，给定显式矢量时，我们可以通过搜索潜空间（latent space）来找到最大可能的向量；或者相反的，在给定潜空间构型时，找到最有可能的显式向量。回到电影／类别这个应用，这分别相当于，给定一个电影列表时推断出它们的类别，或给定类别空间时推荐相应的电影。

　　这是通过转换所得到的能量为概率，并搜索概率空间来获得答案。LeCun 展示

1　Yann LeCun et al., "Energy-Based Models in Document Recognition and Computer Vision," International Conference on Document Analysis and Recognition (2007).

了可以使用吉布斯测度（Gibbs measure）测度来获得概率。[1] 例如，给定学习出来的权值和隐式向量，显式向量的似然概率是

$$P(\mathbf{v}|\mathbf{h}, \mathbf{W}) = \frac{e^{-E(\mathbf{v}, \mathbf{h}, \mathbf{W})}}{\sum\limits_{v \in V} e^{-E(\mathbf{v}, \mathbf{h}, \mathbf{W})}}$$

反过来，给定学习出来的权值和显式向量，隐式向量的似然概率是

$$P(\mathbf{v}|\mathbf{h}, \mathbf{W}) = \frac{e^{-E(\mathbf{v}, \mathbf{h}, \mathbf{W})}}{\sum\limits_{h \in H} e^{-E(\mathbf{v}, \mathbf{h}, \mathbf{W})}}$$

仔细考查这两种情况。当显式构型和隐式构型（ visible and hidden configurations）互相匹配时，分子的数字更大一些。分母则在所有可能的状态下对其归一化，以得到一个 0 到 1 之间的数字，即概率。

到目前为止还不错，但我们还没有理解怎样学习出权值矩阵。此外，这项工作看起来有点棘手，因为我们不知道隐式节点的任何细节。记住，我们的训练集只有一系列显式节点。在许多情况下，RBM 可以通过一个叫对比散度（contrastive divergence）的方法来训练（Hinton 的贡献[2]）。在这里仅提供算法梗概，完整的算法可以在前面提及的参考文献中找到。

对比散度是一个近似的最大似然法，通过一系列的采样阶段来处理。这个过程遍历整个训练样本，并进行后向（从显态到隐态）和前向（从隐态到显态）采样，权值初始化为一个随机的状态。对于每个训练向量（显式节点），隐式节点根据先前指定的概率和测量出的匹配度来激活。隐式节点随后被用来激活显式节点，同时衡量下一步的匹配度被测量。这些匹配度的度量指标被组合起来，权值沿着使网络全局拥有更低能量的方向移动。更多的细节可以在 Hinton 的文章中找到。

---

[1]　Yann LeCun et al., "A Tutorial on Energy-Based Learning," in *Predicting Structured Data*, ed. G. Bakir et al. (MIT Press, 2006).

[2]　Geoffrey Hinton, "A Practical Guide to Training Restricted Boltzmann Machines," version 1, internal report, UTML TR 2010-003 (August 2, 2010).

6.5.3　受限玻尔兹曼机实战

在这一节中，我们将使用一个在 scikit-learn 的文档中 [1] 提及的逻辑分类问题的修改版本。完整版本是由 Dauphin、Niculae 和 Synnaeve 作为解说性的例子给出的，这里的修改不会偏离本质。和前面的示例一样，清单 6.11 里省略了导入块来紧缩代码，完整的清单可以在本书配套内容中找到。

清单 6.11　创建数据集

```
digits = datasets.load_digits()
X = np.asarray(digits.data, 'float32')
X, Y = nudge_dataset(X, digits.target)
X = (X - np.min(X, 0)) / (np.max(X, 0) + 0.0001)  # 0-1 scaling
X_train, X_test, Y_train, Y_test = train_test_split(X,
    Y,test_size=0.2,random_state=0)
```

首先是加载数据集，并且多做一些操作，通过对原始数据集进行线性平移一个像素来额外地产生人工样本，同时对每个数据归一化来使得每个像素值都处于 0 到 1 之间。因此，对于每一个标注的图像，会生成额外的 4 个图像：分别为上移、下移、右移、左移——它们拥有相同的标签，即该图像所表示的数字。对于这样的小数据集来说，这样做可以训练出更好的数据表示，而且这种表示方法将不太依赖字符是否位于图像的正中间。这个处理过程是用 nudge_dataset 函数来实现的，该函数在程序清单 6.12 中进行定义。

清单 6.12　产生人工数据

```
def nudge_dataset(X, Y):
    """
    通过对X中的8×8图片向左、向右、向下、向上移动1px，产生原始数据集5倍大
    小的数据集
    """
direction_vectors = [[[0, 1, 0],[0, 0, 0],[0, 0, 0]],
                     [[0, 0, 0],[1, 0, 0],[0, 0, 0]],
                     [[0, 0, 0],[0, 0, 1],[0, 0, 0]],
                     [[0, 0, 0],[0, 0, 0],[0, 1, 0]]]
shift = \
    lambda x, w: convolve(x.reshape((8, 8)), mode='constant',\
    weights=w).ravel()
X = np.concatenate([X] + \
    [np.apply_along_axis(shift, 1, X, vector) for vector in \
    direction_vectors])
Y = np.concatenate([Y for _ in range(5)], axis=0)
return X, Y
```

---

[1]　scikit-learn, "Restricted Boltzmann Machine Features for Digit Classification," http://mng.bz/3N42.

给定这些数据，很容易创建一个由 RBM 和随后的逻辑回归组成的决策管道。程序清单 6.13 展示了创建管道和训练模型的代码。

清单 6.13　创建和训练一个 RBM/LR 管道

```
# 我们所用的模型
logistic = linear_model.LogisticRegression()
rbm = BernoulliRBM(random_state=0, verbose=True)

classifier = Pipeline(steps=[('rbm', rbm), ('logistic', logistic)])

###########################################################################
# 训练超参数，为使用GridSearchCV的交叉验证所设置
# 为节省时间，这里不演示交叉验证

rbm.learning_rate = 0.06
rbm.n_iter = 20
# 更多组件可以获得更好的预测效果，但需要更长的拟合时间

rbm.n_components = 100
logistic.C = 6000.0
# 训练RBM–Logistic管道
classifier.fit(X_train, Y_train)

# 训练logistic回归
logistic_classifier = linear_model.LogisticRegression(C=100.0)
logistic_classifier.fit(X_train, Y_train)
```

这段代码直接取自 scikit-learn，[1] 有一点值得注意，为了说明所讨论的例子，这些超参数（也就是 RBM 的参数），是特地为这个数据集选择的。更多细节参见原始文档。

你会看到，除了这些，我们的代码做的工作很少。一个 RBM 后面跟着一个逻辑回归分类器一起组成了分类器管道，同时创建了一个单独的逻辑回归分类器作为参照。接下来将展示这两种方法的执行，程序清单 6.14 提供了相应的代码。

清单 6.14　评估 RBM/LR 管道

```
print("Logistic regression using RBM features:\n%s\n" % (
    metrics.classification_report(
        Y_test,
        classifier.predict(X_test))))
```

---

[1]　scikit-learn, "Restricted Boltzmann Machine Features for Digit Classification," http://mng.bz/3N42.

```
print("Logistic regression using raw pixel features:\n%s\n" % (
    metrics.classification_report(
        Y_test,
        logistic_classifier.predict(X_test))))
```

上述代码的输出提供了这两种方法的效果评估数据，可以在精确率、召回率和 F_1 分数（F1-score）上看出，RBM/LR 管道的效果都远远超过了基本的逻辑回归（LR）方法。但为什么会这样呢？如果我们绘制出 RBM 隐式组件，就会明白原因。程序清单 6.15 提供的代码做到了这一点，图 6.14 提供了一个对 RBM 隐式组件的图形化的概览。

清单 6.15　图形化表示隐式单元

```
plt.figure(figsize=(4.2, 4))
for i, comp in enumerate(rbm.components_):
    #print(i)
    #print(comp)
    plt.subplot(10, 10, i + 1)
    plt.imshow(comp.reshape((8, 8)),
      cmap=plt.cm.gray_r,interpolation='nearest')
    plt.xticks(())
    plt.yticks(())

plt.suptitle('100 components extracted by RBM', fontsize=16)
plt.subplots_adjust(0.08, 0.02, 0.92, 0.85, 0.08, 0.23)
plt.show()
```

100 components extracted by RBM

图 6.14 RBM 的隐式节点和显式节点之间的权值的图形化表示。每一个正方形都代表一个单一的隐式节点，而 64 个灰度值表示了隐式节点到所有显式节点的权值。从某种意义上来说，这决定了隐式变量能够多好地识别出如图所示的图片。

在我们的 RBM 中，有 100 个隐式节点和 64 个显式节点，因为这是所使用的图像的大小。图 6.14 中的每一个正方形是一个隐式组件对应于每个显式节点的权值的

灰度表示。从某种意义上说，每一个隐式组件可以被看作是对前面所给出的图像的识别结果。在管道中，逻辑回归模型随后会使用这 100 个激活概率（$P(h_j=1|\mathbf{v}=image)$ 对每个 j）作为它的输入。因此不是对原始的 64 个像素做逻辑回归，而是在这 100 个输入上执行。当输入看起来接近图 6.14 所提供的图片时，每一个输入可以获得一个较高的值。回到本章的第一节，你现在应该能够看到，我们已经用 RBM 创建了一个能够自动学习出这些数据图像中所包含的数字的网络。本质上，我们已经创建了深度网络的一层！想象一下，我们可以通过更深的网络和多层 RBM 来创建更多的中间表示。

6.6 本章小结

- 我们提供了一个基础性的神经网络概览，介绍了其与深度学习的关系。从最简单的神经网络模型——MCP 模型开始，然后讨论了感知机及其与逻辑回归的关系。

- 我们发现无法用单个感知机来表示非线性函数，但如果创建多层感知机（MLP）则是可以的。

- 我们讨论了如何通过反向传播和采用可微的激活函数来训练 MLP，同时提供了 PyBrain 中的用反向传播学习非线性函数的一个例子。

- 我们讨论了深度学习的最新进展，特别的，构建了能够训练出数据中间表示的多层网络。

- 我们专注于被称为受限玻尔兹曼机（RBM）的网络，同时展示了如何在数字数据集上，用单个 RBM 和逻辑回归分类器构建最简单的深度网络。

7 做出正确的选择

本章要点

- A/B 测试
- 做出正确选择的复杂性
- 多臂赌博机

面对众多选择，我们应该怎么选才能最大化我们的收益（或者说最小化开销）呢？举例来说，我们应该怎么选择上班的路线，才能使途中花费的时间最少？在这个例子中，我们的收益可能是依据于上班时间，但同样可以是燃料成本或交通时间。

任何问题，只要它的每个选项能够被多次进行测试，并且每个选项在被测试时都能返回固定的结果，那么它就能使用本章将提到的技术来进行优化。在上述例子中，每天的上下班路线是确定的，所以我们能够在账本中记下往返路线的长度。久而久之，上下班的人会从数据中发现一些模式（例如路线 A 比路线 B 花费时间更少），然后最终一致选择某条路线。那么什么样的路线对于用户来说才是一个好的方案呢？是考虑路线 A 还是 B？什么时候用户才有充分的数据去确定哪条线路是最好的？测试线路好与不好的最优策略又是什么？这些问题都是本章的关注焦点。图

7.1 用图形化概括了问题的定义。

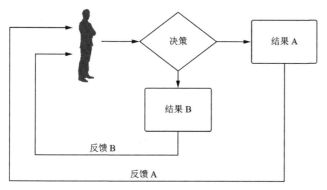

图 7.1　形式化了问题的定义。在这个场景中，参与的用户正面临一个选择，根据他的决策会生成一个结果，而这个结果会对应一份给参与者的反馈。假设用户持续地暴露于这个决策，他应该怎么制订获得最大收益（或等效地说，最小成本）的策略？

在这幅图中，我们假定用户多次处于需要进行选择的场景中。每一次进行决策都会达成一项结果，而这个结果会关联相应的反馈。在上下班这个例子中，假定他每天都需要上下班，而且他每次上下班都必须进行线路的选择，产出的结果是这次上下班中所有因素的结合体，反馈就是从这些因素中构建出来的。

尽管这是一个浅显的例子，但是智能 Web 中包含了很多具有相同形式的其他问题。本章涵盖了许多用户面临众多选择而且需要做出正确选择的关键场景。

- 着陆页优化（landing-page optimization）——随着智能 Web 的出现，涌现出越来越多的数字化零售商。这些零售商的关注重点是获得最大的转化率（有购买行为或深度网页交互行为的用户数占网站访问总用户数的比率）。决策要考虑着陆页的形式和内容（要从可能已有的 3 或 4 个备选方案中做出选择）。我们希望能够从候选集合中选出最好的着陆页，以能够吸引来访的用户，并让深度交互或者购买行为的概率最大化。

- 广告创意优化（ad creative optimization）——正如前几章所述，在线广告提出了许多适合机器学习技术应用的挑战。这些有趣的挑战之一就是如何选择广告的形式和内容。当决定将要进行广告展示，以及确定了广告的价格后，我们应该在这个广告位上选择放置什么广告呢？我们需要对大量的决策进行测试，选出正确的广告创意组合会让广告效果比其他的更加出色。

7.1　A/B测试

　　所以问题是，我们应该怎样评估这些决策，以及应该采用哪些策略来测试我们的产出？其中一个方法就是 A/B 测试（A/B testing）。A/B 测试近年来在行业内越来越受欢迎，但具有统计学背景的人也许会简单地认为它只不过是一种包含两个组的实验。下面让我们深入一点了解具体细节。

　　当在进行 A/B 测试时，我们会采用两个组：A 组和 B 组。第一个组是对照组，第二个组会改变其中一些因素。就以着陆页优化为例，A 组会展示现有的着陆页，B 组会展示一个内容或者布局进行了某些修改的新着陆页。A/B 测试的目的就是去了解新的布局是否在统计上显著地改变了转化率。

　　值得注意的是，将用户分配到对应的组需要经过深思熟虑。对于 A/B 测试，我们可以高效地进行随机分组。当用户数量较大时，各组间的用户行为是相同的（即组间没有偏差）。但是对于数量较少的用户组要小心，情况将不会是这样，所以需要考虑其他的一些实验设计。[1]

7.1.1　相关的理论

　　假设我们已经构建了两组数目较大的用户组，这些用户组的区别仅在于他们到达的着陆页。我们现在希望能测试两组间的转化率在统计上是否存在明显差异。由于样本量大，我们可以采用双样本单尾 z 检验。另外对于小的样本集合，我们可以依赖于 t 检验。[2]

　　z 检验（z-test）是在数据是正态分布和随机抽样的假设下运行的，目的是测试测试集（B 组）是否与该对照集（A 组）有显著不同，但是如何执行这个测试呢？

　　假设有来自 A 组和 B 组中每一组的 5000 个样本。我们需要一个数学公式来说明我们的零假设（null hypothesis）——两组群体的转化率没有显著的正差异，和备择假设（或称对立假设，alternative hypothesis）——不同人群间的转化率确实存在着正差异。

---

[1]　Stuart Wilson and Rory MacLean, *Research Methods and Data Analysis for Psychology* (McGraw-Hill Education—Europe, 2011).

[2]　Student, "The Probable Error of a Mean," *Biometrika* 6, no. 1, ed. E. S. Pearson and John Wishart (March 1908): 1–25.

我们可将采样转化率视为一个正态分布的随机变量，也就是说，采样的转化率是在正态分布下对转化率的一个观测。要了解这一点，请考虑从同一组中提取多个样本进行实验将导致略有不同的转化率。每次对某组进行抽样时，我们可获得群体转化率的估计，对于 A 组和 B 组都是如此。为此我们提出一个新的正态随机变量，它是 A 组和 B 组的随机变量的组合，是差值的分布。让我们用 X 来表示这个新的随机变量，定义为 $X = X_e - X_n$。

其中，X_e 表示实验组的转化率的随机变量，X_n 表示对照组的转化率的随机变量。现在我们可以写出零假设和备择假设。零假设可以表示为：

$$H_0: X = 0$$

这表示实验组和对照组是相同的。两个随机变量 X_e 和 X_n 分布在相同的群体平均值周围，所以我们的新随机变量 X 应该分布在 0 左右。我们的备择假设可以表示如下：

$$H_a: X > 0$$

实验组的随机变量的期望值大于对照组的期望值；该群体的平均值较高。

我们可以在零假设的前提下，对 X 的分布执行单尾 z 检验，以确定是否有证据支持备择假设。为了达到这个目的，我们对 X 进行采样，计算标准分数，并测试已知的显著性水平。

X 的采样等效于运行两个实验，确定它们各自的转化率，并将对照组和实验组的转化率相减。按照标准分数的定义，可以写作：

$$z = (p_{experiment} - p_{control}) / SE$$

其中，$P_{experiment}$ 是实验组的转化率，$P_{control}$ 是对照组的转化率，SE 是转化率差值的标准差。

为了确定标准误差，我们注意到转化过程是符合二项分布的，因此访问该网站可以被看作单次伯努利试验，而积极结果（完成转化）的可能性是未知的。假设样本数量足够大，我们可以使用广泛采用的 Wald 方法 [1,2] 将该分布近似为正态分布。为

---

[1]   Lawrence D. Brown, T. Tony Cai, and Anirban DasGupta, "Confidence Intervals for a Binomial Proportion and Asymptotic Expansions," *The Annals of Statistics* 30, no. 1 (2002): 160–201.

[2]   Sean Wallis, "Binomial Confidence Intervals and Contingency Tests: Mathematical Fundamentals and the Evaluation of Alternative Methods," *Journal of Quantitative Linguistics* 20, no. 3 (2013): 178–208.

了捕获特定转化率的不确定性，我们可以将标准误差（SE）写入实验组和对照组，其中 p 是转化的可能性，n 是样本数量，具体如下：

$$SE^2 = \frac{p(1-p)}{n}$$

从二项分布（$np(1-p)$）的方差得到分子，而分母表示当采用更多的样本时，转化率的误差会随之下降。请注意正面结果的概率等同于转化率，并且因为两个变量的标准误差可以通过相加来合并，可得到如下结果：

$$SE^2 = SE_{exp}^2 + SE_{control}^2$$

$$SE_{exp}^2 = \frac{p_{experiment}(1-p_{experiment})}{n_{experiment}}$$

$$SE_{control}^2 = \frac{p_{control}(1-p_{control})}{n_{control}}$$

通过替换，可获得如下的 z 检验公式，这是一个符合二项分布的 Wald（或正态）区间的公式：

$$z = (p_{experiment} - p_{control}) / \sqrt{SE_{exp}^2 + SE_{control}^2}$$

z 的值越大，反对零假设的证据就越多。为了获得单尾测试的 90% 置信区间，我们的 z 值将需要大于 1.28。这实际上是指在零假设（A 组和 B 组的人口平均值是相同的）的条件下，等于或大于这个转化率差值的偶然发生的概率小于 10%。换句话说，在对照组和实验组的转化率来自具有相同平均值的分布的假设前提下，如果我们运行相同的实验 100 次，只会有 10 次具有这样的极端值。我们可以通过 95% 的置信区间、更严格的边界和更多的证据来反对零假设，这时需要将 z 值增加到 1.65。

研究影响 z 大小的因素会带来很多有用的帮助。很显然，如果我们在一个给定的时间点从一个实验集和一个对照集中提取两个转化率，转化率的差值越大将导致 z 分数越大。因此就有了更多的证据表明两个集合分别来自不同的人群，而且这些人群带有不同的均值。然而样品的数量也很重要，如你所见，大量样本将导致总体较小的标准误差。这表明运行实验的时间越长，转化率的估算越准确。在下一节中，我们将提供一个例子，并使用这种方法在 Python 中进行 A / B 测试。

7.1.2 评估代码

设想你在负责大型零售网站，而且你的设计团队刚刚修改了着陆页。每周有大约 20,000 名用户，并可以量化用户的转化率：即购买产品的百分比。设计团队向你保证，新网站将带来更多的客户。但你不太确定，希望运行 A / B 测试来看看效果是否真的会提高。

用户在第一次访问网站时被随机分配到 A 组或 B 组，并在实验期间始终保留在该组中。在实验结束时，在两组内评估用户的平均转化率。统计结果是，新着陆页的平均转化率是 0.002，而原先的着陆页的平均转化率是 0.001。在着陆页永久更改为新设计之前，你需要知道这一增长是否足够明确。让我们来看一下清单 7.1，来帮你回答这个问题。

清单 7.1 为你的实验计算标准（z）分数

```
import math
import random
import numpy as np
import matplotlib.pyplot as plt

n_experiment = 10000
n_control = 10000

p_experiment= 0.002
p_control = 0.001

se_experiment_sq = p_experiment*(1-p_experiment) / n_experiment
se_control_sq = p_control*(1-p_control) / n_control

Z = (p_experiment-p_control)/math.sqrt(se_experiment_sq+se_control_sq)

print Z
```

这段代码获取实验中 z 的值，在上述参数条件下，可获得 z 值为 1.827。这超过了 92％置信区间，但不在 95％的区间内。可以说，从控制分布中抽取数据的概率小于 0.08，因此在该区间内数据是显著的。我们应该否定零假设，接受备择假设，即组之间有差异，第二组具有较高的转化率。如果我们控制了用户组的其他方面，就意味着网站的新设计产生了积极的效果。

你应该能够从代码中看到转化率分布的标准误差对返回的 z 值有直接影响。对给定的常数值 $p_{experiment}$ 和 $p_{control}$，两个组的 SE 越高，z 的数值越小，结果就越不显著。还注意到由于 SE 的定义，z 的数值与样本的数量具有直接关系，对于给定的转换概率也同样如此。图 7.2 展示了这种关系。

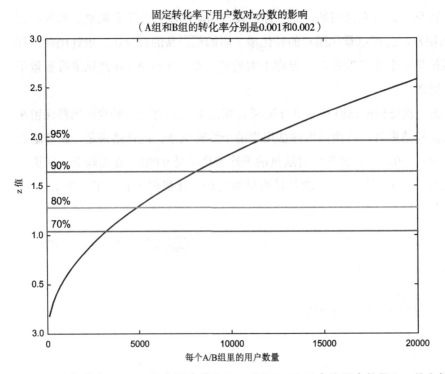

图 7.2   我们给出了 A / B 组的固定转化率，以及 A / B 组中的用户数量和 z 值之间的关系。假设转化率不会随着我们收集更多数据而改变，我们需要每个组中大约 3000 个用户达到 70% 的置信区间。要达到 80% 的置信区间时需要每组约 5000 个用户，达到 90% 时需要 7500 个用户，达到 95% 时需要 12000 个用户。

　　从图中可见，对于给定转化率的两个组，测试组中的用户越多，证明备择假设的证据就越充分。直观上来看这很容易理解：收集的数据越多，我们对结果越自信！我们也可以绘制一张类似的图，保持用户数量不变，改变组之间的差异。但必须注意，对正在关注的应用，我们不应该期望效果的大幅度变化。这表明我们必须收集足够多的数据，以确保更改确实会导致效果的明显提高。本章的代码可以生成图 7.2 所示的结果；你也可以尝试建立一个类似的实验，用转化率的差值代替现有的 x 轴。

7.1.3   A/B 测试的适用性

　　在本节中，我们将介绍测试用的 z 检验统计方法。在 A/B 测试的过程中讨论它，是用来测试特定的修改操作带来的影响，以决定是否永久采纳该修改。我们发现其他一些典型的智能 Web 应用也类似，对于非常小的效果变化，我们都需要创建相当大的对照组和测试组。设想一下在零售商场中，根据每天观察到的用户数量，可能需要很久的时间才能得出明显的结论。在业务应用中会遇到的问题是，当你运行测试时整体运行的效果是受到影响的，因为必须有一半用户处于性能不佳的实验组，或者有一半的用户处于性能不佳的对照组，而且你必须等待测试完成才能停止这种局面。

这是被称为探索利用难题（explore-exploit conundrum）的一个经典问题。我们需要运行次优以探索空间，并找到效果更好的解决方案，而一旦找到了更好的解决方案，我们还需要尽快利用它们来实现效果提升。能否可以更快地利用新的解决方案,而不必等待测试完全完成呢？答案是肯定的。下面进入多臂赌博机（multi-armed bandit，MAB）这一小节。

7.2 多臂赌博机

多臂赌博机（multi-armed bandit，MAB）的名字来源于著名的赌博游戏角子赌博机（one-armed bandit）。对那些从来没有去过赌场的人，我们来做一下解释：角子机（又称老虎机）是一个需要你拉杠杆（或摇臂）的赌博机器，根据机器展示的数值,你可能会得到一笔奖励,也可能（更大几率）得不到任何东西。和你想的一样，这些机器的设置都对庄家有利，所以能获得奖励的几率是非常小的。

多臂赌博机（理论上的）扩展了这种形式，想象你面对的是一堆角子赌博机，每个赌博机都被分配按照一个独立的概率进行奖励。作为一个玩家，你不知道在这些机器背后的回报概率，你唯一可以找到回报概率的方法是进行游戏。你的任务是通过玩这些机器，最大限度地提高所获的奖励。那么你应该使用什么策略呢？图 7.3 说明了 MAB 的形式。

图 7.3　多臂赌博机问题。一个玩家面对着一堆赌博机，每一台赌博机都有不同的回报概率。玩家并不知道这些赌博机的回报概率，而且只能通过进行游戏来获知。玩家应该采取什么样的策略来获得最大的回报呢？玩家必须进行问题空间探索来确定回报概率，但是他们也必须利用高回报概率的机器来最大化回报。

7.2.1　多臂赌博机策略

让我们更严格地定义好问题，然后再深入一些代码。形式化来表达，现在有 k 个赌博机，可观察到每台赌博机的回报概率等于 p_k。假设一次只能拉动一个摇臂，并且赌博机只会按照它关联的概率机型奖励。这是一个设置了限定局数的有限次的游戏。在游戏期间任意时间点时，水平线 H 被定义为允许的剩余游戏的数量。

对所有机器，用户会尝试最大化的获奖回报。在游戏中的任一时间点，我们都可以通过使用遗憾值（regret）来度量用户的表现。遗憾值表示，假设用户能在每一步获知神谕选择最优的赌博机得到的回报和目前获得的实际回报的差值。遗憾值的数学定义为：

$$\sigma = T\mu_{opt} - \sum_{t=1}^{T} r_t$$

其中，T 表示我们到目前为止进行过的步数，r_t 表示在第 t 步获得的回报，u_{opt} 表示每一局从最优赌博机返回来的期望回报。遗憾值的数值越低，策略越优。但因为这个度量值会受到偶然性的影响（回报可能会比从最优赌博机选择中获得的期望回报更高），我们可以选择使用遗憾值的期望值代替。遗憾值的期望定义为：

$$T\mu_{opt} - \sum_{t=1}^{T} \mu_t$$

其中，μ_t 是在第 t 步从赌博机中获得的平均回报（不可观测的）。因为第二项是来自所选策略的期望回报，所以它将小于或等于来自最优策略（每一步都选择最优的赌博机）的期望回报。

在后续内容中，我们将在定义中引入一个新变量：Epsilon。你将在以下策略中看到，Epsilon 控制着探索空间和利用已知最优的解决方案之间的权衡，它表示为一个概率。

Epsilon 优先

Epsilon 优先（Epsilon first）是 MAB 策略中最简单的一种方式，它被认为和事先执行 A/B 测试方法具有同等意义。给定 ε，我们执行探索空间操作的次数为 $(1 - \varepsilon) \times N$，其中 N 是游戏中总共的局数，剩余的次数是执行后续探索的局数。

`update_best_bandit` 算法会持续记录每一个赌博机的回报收入和游戏局数。

变量 best_bandit 会在每一局结束进行更新，记录当前具有最高回报概率的赌博机的编号。清单 7.2 所示的伪代码说明了解决方案的流程。

清单 7.2　Epsilon 优先策略的伪代码

```
epsilon=0.1
best_bandit  #最优赌博机的数组下标
bandit_array #赌博机对象数组
total_reward=0
number_trials
current_trial=0

number_explore_trials = (1-epsilon)*number_trials

while((number_trials-current_trial)>0):
    if(current_trial<number_explore_trials):    ←———— 探索解决方案空间
        random_bandit = rand(0,len(bandit_array))
        total_reward += play(bandit_array[random_bandit])
        update_best_bandit()#update the best bandit
    else:                                        ←———— 利用已有知识
        total_reward +=play(bandit_array[best_bandit])

    current_trial+=1
```

Epsilon 贪婪

在 Epsilon 贪婪（epsilon-greedy）策略中，ε 表示我们进行探索空间的概率，和进行利用已知最优摇臂的事件互斥。Epsilon 贪婪策略的伪代码如清单 7.3 所示。

清单 7.3　Epsilon 贪婪策略的伪代码

```
epsilon=0.1
best_bandit          ←———— 最优赌博机的数组下标
bandit_array         ←———— 赌博机对象数组
total_reward=0
number_trials
current_trial=0

while((number_trials-current_trial)>0):
    random_float = rand(0,1)
    if(random_float<epsilon):                    ←———— 探索解决方案空间
        random_bandit = rand(0,len(bandit_array))
        total_reward += play(bandit_array[random_bandit])
        update_best_bandit()
    else:                                        ←———— 利用已有知识
        total_reward +=play(bandit_array[best_bandit])

    current_trial+=1
```

更新最优
赌博机

这种方法的优点是，我们不需要等到探索阶段完成才能开始利用有关赌博机的回报表现的知识。但要小心，该算法不会考虑效果数据的统计意义，因此可能发生这样的情况，个别赌博机的回报峰值会导致后续的所有游戏都错误地选择了这个赌博机。我们一会儿将对这方面进行更深入的讨论。

可以看到，ε 控制着我们探索空间而不是利用知识的概率。赌博机的对象数组长度较小时，探索空间的发生概率就会较小，反之就更有可能发生探索空间。这里有一个明确的权衡，我们的 ε 值的选择取决于许多因素。如前所述，赌博机的数量和回报概率都会影响到遗憾值。一个明显的问题是 boot-strapping，在实验开始时，我们不知道任何赌博机的效果（不同于 Epsilon 优先策略）。可能有更好的实现方法，即在距离水平线 H 较远的时候进行更多的探索空间操作，而在接近水平线时减少探索空间的次数。

Epsilon 递减

Epsilon 递减（epsilon-decreasing）策略在实验开始阶段，会有一个很高的 ε 值，所以探索空间的可能性很高。ε 值会随着水平线 H 上升而不断递减，致使利用似然知识的可能性更高，整个过程如程序清单 7.4 所示。

清单 7.4　Epsilon 递减策略的伪代码

```
epsilon=1                                    ←——— 开始阶段保持探索空间
best_bandit
bandit_array
total_reward=0
number_trials
current_trial=0

while((number_trials-current_trial)>0):
    random_float = rand(0,1)
    if(random_float<epsilon):                ←——— 探索解决方案空间
        random_bandit = rand(0,len(bandit_array))
        total_reward += play(bandit_array[random_bandit])
        update_best_bandit()                          更新最优赌博机
    else:                                    ←——— 利用解决方案空间
        total_reward +=play(bandit_array[best_bandit])

    current_trial+=1
    epsilon = update_epsilon(epsilon)
```

需要注意，这里有几种方法去选择一个最优的速率来更新 ε 值，具体取决于赌博机的数量，以及它们各自进行回报的权重。

贝叶斯赌博机

如上所述，该算法的局限性之一是我们在探索空间时不考虑效果数据的意义。

虽然你能够更快地利用已有的知识，不过也很可能会做出错误的决定。但这并不意味着这些技术是无用的！而是指它们需要仔细检查参数，以确保它们不会过早或过久地进行探索。

在贝叶斯赌博机（Bayesian bandits）这一节，与 A／B 测试类似，我们假设每个赌博机的回报概率被建模为回报概率的分布。当我们开始实验时，每个赌博机都有一个通用的先验概率（任意赌博机的回报概率初始都是同等的）。我们在某一个赌博机上进行的局数越多，对它的回报信息就了解得越多，所以我们基于可能的回报概率更新其回报概率分布。当需要选择玩哪一个赌博机的时候，我们从回报概率分布中采样，并选择对应样本中具有最高回报比率的赌博机。图 7.4 提供了在给定时间内对三个赌博机所包含的知识的图形化表示。

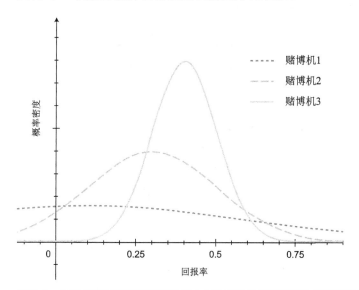

图 7.4 使用贝叶斯赌博机策略对三个赌博机的回报概率知识进行建模。第 1、2 和 3 个赌博机的平均回报率分别为 0.1、0.3 和 0.4。第 1 个赌博机具有较低的平均值而且方差也比较大。第 2 个赌博机具有较高的平均值和较小的方差。第 3 个赌博机具有更高的平均值和更小的方差。为了选择要玩的赌博机，对每个分布进行采样，从分布中采样获得最高数值的赌博机会被选中进行游戏，完成该局游戏后会更新相应的分布。这里会产生的效果是，即便是低回报概率的赌博机也有机会被选中，因为它们的平均回报概率不确定（方差较高）。

在这里，你可以看到，关于赌博机的有关回报概率分布的知识被编码为三个分布。每个分布具有递增的平均值和递减的方差。因此，我们不太确定回报期望值为 0.1 的真实回报率，最可靠的是回报期望值为 0.4 的赌博机。因为赌博机的选择是通过对分布进行抽样来进行的，所以分布期望值是 0.1 的赌博机的摇臂也可能被拉动。

这个事件会发生在第 2 个赌博机和第 3 个赌博机的采样样本回报值异常小，而且第 1 个赌博机的采样样本回报值异常大时。程序清单 7.5 提供了该算法的伪代码。

清单 7.5　贝叶斯赌博机策略的伪代码

```
bandit_distribution_array            ◁───┐
total_reward=0                           │   用合适的先验概率进行初始化
number_trials
current_trial=0

while((number_trials-current_trial)>0):
    sample_array = sample(bandit_distribution_array)
    best_bandit = index_of(max(sample_array))
    reward =play(bandit_array[best_bandit])
    total_reward+=reward
    current_trial+=1
    update_distribution_array(best_bandit,reward)
```

可以看到该解决方案很优雅，尽管实施起来非常简单，但是这种方法能够对我们的估计的不确定性进行建模，并且与以前的方法相比提供了很低的遗憾值（regret），它的优势会在下一小节体现出来。

7.3　实践中的贝叶斯赌博机策略

在本节中，我们会设置由三台赌博机所构成的一个实验，并且会证明遗憾值会随着每局游戏的进行而减缓增长。本节也会介绍该方法的适用性，以及影响贝叶斯赌博机策略运行时长的几个因素。

回想一下前面所讲的内容，我们需要一个概率分布来编码实验中每个赌博机的回报概率。因为我们处理的模型有两个可能的结果，这可被视为一个伯努利试验。伯努利分布的共轭先验是 beta 分布，[1] 这是一个由两个值来参数化的分布：成功的数量和失败的数量。这些参数由 α 和 β 给出，并且对于 $\alpha = \beta = 1$，beta 分布等于均匀分布。而当 α 和 β 的值比较大时等于二项分布。因此我们将使用 beta 分布（$\alpha = \beta = 1$）作为统一的先验概率分布，设置为所有三台赌博机的回报概率的初始分布，并在每局游戏进行期间获得输出时不断更新参数。现在让我们创建一个类来封装一个单臂赌博机，请参阅清单 7.6 中的代码。

---

[1]　Eric W. Weisstein, "Beta Distribution," http://mathworld.wolfram.com/BetaDistribution.html.

清单 7.6 对单臂赌博机编码的类

```
class Bandit:
    def __init__(self,probability):
        self.probability=probability

    def pull_handle(self):
        if random.random()<self.probability:
            return 1
        else:
            return 0

    def get_prob(self):
        return self.probability
```

在这个基类中，我们设置了回报概率作为构造函数的参数。方法 pull_handle 使用此概率来确定在拉动句柄时是否有奖励。最后的 get_prob 方法是用来访问实例化对象的回报概率的辅助方法。这个类是我们整个实验示例的基础，将在后面的程序清单中被广泛使用。

在程序清单 7.7 中，我们将定义一个辅助方法，用于从每个代表单臂赌博机的分布中抽样。这个代码也将被广泛使用，以确定在模型的当前状态下，下一步应该拉下哪个摇臂。

清单 7.7 贝叶斯赌博机策略中的 beta 分布抽样

```
def sample_distributions_and_choose(bandit_params):
    sample_array = \
        [beta.rvs(param[0], param[1], size=1)[0] for param in bandit_params]
    return np.argmax(sample_array)
```

此方法依赖于 beta.rvs 方法，从每个 beta 分布中抽取单个随机变量，其参数作为列表传递。该方法将返回具有最高采样值的列表索引，返回值是 MAB 实验中接下来需要拉动的赌博机摇臂。

有了这两个方法，我们就可以运行第一次贝叶斯赌博机实验了！程序清单 7.8 提供了主要代码，清单 7.9 说明了获奖率的先验概率的初始分布。

清单 7.8 运行贝叶斯赌博机实验

```
def run_single_regret(bandit_list,bandit_params,plays):
    sum_probs_chosen=0
    opt=np.zeros(plays)
    chosen=np.zeros(plays)
    bandit_probs = [x.get_prob() for x in bandit_list]
    opt_solution = max(bandit_probs)
```

```
    for i in range(0,plays):
        index = sample_distributions_and_choose(bandit_params)
        sum_probs_chosen+=bandit_probs[index]
        if(bandit_list[index].pull_handle()):
          bandit_params[index]=\
                    (bandit_params[index][0]+1,bandit_params[index][1])
        else:
            bandit_params[index]=\
                    (bandit_params[index][0],bandit_params[index][1]+1)
        opt[i] = (i+1)*opt_solution
        chosen[i] = sum_probs_chosen
    regret_total = map(sub,opt,chosen)
    return regret_total
```

方法 run_single_regret 的参数使用了一个赌博机列表和一个保存各赌博机
初始回报概率分布的列表。此外，参数中还包含了我们将尝试的游戏局数。该方法
返回执行策略的遗憾值。启动时会先设置 sum_probs_chosen 的初始值，并初始
化两个 NumPy 数组，用来保存每一局游戏的试验状态。每局游戏先对分布进行采样，
然后选择与最高采样值相关联的赌博机进行游戏，再根据结果更新参数。在运行程
序之前，让我们来看看将要采样的初始（先验）分布，如程序清单 7.9 所示。

清单 7.9　绘制贝叶斯赌博机的初始分布

```
bandit_list = [Bandit(0.1),Bandit(0.3),Bandit(0.8)]
bandit_params = [(1,1),(1,1),(1,1)]

x = np.linspace(0,1, 100)
plt.plot(x,
        beta.pdf(x, bandit_params[0][0], bandit_params[0][1]),
        '-r*',
        alpha=0.6,
        label='Bandit 1')

plt.plot(x,
        beta.pdf(x, bandit_params[1][0], bandit_params[1][1]),
        '-b+',
        alpha=0.6,
        label='Bandit 2')

plt.plot(x,
        beta.pdf(x, bandit_params[2][0], bandit_params[2][1]),
        '-go',
        alpha=0.6,
        label='Bandit 3')
plt.legend()
plt.xlabel("payout probability")
plt.ylabel("probability density of belief")
plt.show()
```

上述代码绘制出了每个多臂赌博机的初始回报概率分布情况，分布中的 α 和 β 值初始均设为 1，图 7.5 展示了绘制的结果。我们也初始化生成了多个赌博机的对象列表，对每个对象赋予不同的回报概率。第一个对象的回报率为 10 轮里赢 1 轮，第二个对象的回报率为 10 轮里赢 3 轮，最后一个对象的回报率为 10 轮里赢 8 轮！这显然已经是非常公平的赌博机了——我个人可从来没在赌场里面碰见过这么慷慨的赌博机。

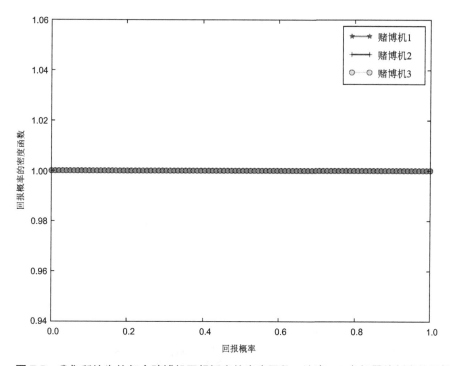

图 7.5 我们所认为的每个赌博机回报概率的密度函数。注意，3 台机器绘制出的图相同，并且曲线下面区域的面积均为 1。这展示了所有赌博机初始时被认为回报概率相同，它们将随着我们对赌博机行为的观察而改变。

注意，这些赌博机的概率密度函数是一样的，因为对于每台机器，我们初始掌握的信息是完全一样的（完全未知）。接下来你将会看到我们怎样通过策略来改变这些分布。我们先用单个策略绘制每轮结束后期望值的差异，如清单 7.10 所示。

清单 7.10 绘制贝叶斯赌博机策略的一次执行

```
plays=1000
bandit_list = [Bandit(0.1),Bandit(0.3),Bandit(0.8)]
bandit_params = [(1,1),(1,1),(1,1)]
```

```
regret_total = run_single_regret(bandit_list,bandit_params,plays)
plt.plot(regret_total)
plt.title("expected regret against steps in experiment")
plt.xlabel("Step in experiment")
plt.ylabel("Cumulative expected regret in experiment at this step")
plt.show()
```

这里我们用 run_single_regret 方法，传入前面介绍过的初始 β 值以及相同的回报概率。程序清单 7.10 的运行结果如图 7.6 所示。

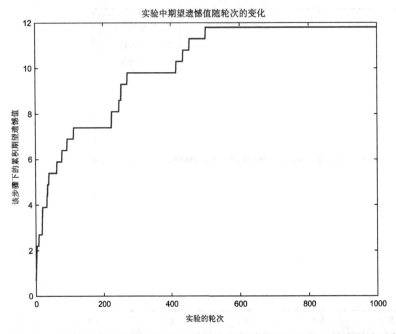

图 7.6　在执行 1000 轮游戏过程中的所有期望遗憾值。知识只能在游戏过程中不断获取（探索），所以在摸索真实的回报概率的过程中，很可能会选择次优的决策。

图 7.6 展示了运行完 1000 轮游戏之后，累积期望遗憾值（cumulative expected regret）的情况。在每步决策之后，计算最优策略和当前选择的结果间的期望差异，将期望遗憾值累积后就得到了先前期望差异的总和。对于一个优秀的策略来说，我们希望生成的累积期望的增速较为平缓，最好能近似于水平线。这意味着所有的知识都已经被充分挖掘，并且不需要再使用次优的决策。让我们再通过 beta 分布的参数来看一下潜在的信念（beliefs）。清单 7.11 所示的是生成图 7.7 所示的后验概率密度函数的代码（所有的信息都已经用到）。

清单 7.11 绘制后验概率密度函数

```
x = np.linspace(0,1, 100)
plt.plot(x,
        beta.pdf(x, bandit_params[0][0], bandit_params[0][1]),
        '-r*',
        alpha=0.6,
        label='Bandit 1')
plt.plot(x,
        beta.pdf(x, bandit_params[1][0], bandit_params[1][1]),
        '-b+',
        alpha=0.6,
        label='Bandit 2')
plt.plot(x,
        beta.pdf(x, bandit_params[2][0], bandit_params[2][1]),
        '-go',
        alpha=0.6,
        label='Bandit 3')
plt.legend()
plt.xlabel("payout probability")
plt.ylabel("probability density of belief")
plt.show()
```

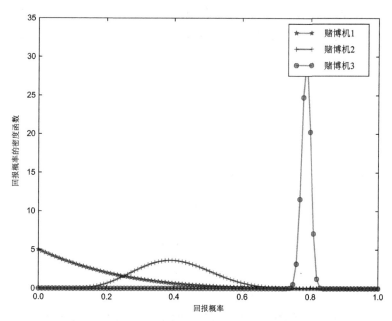

图 7.7 在执行 1000 轮游戏之后的后验概率分布。这代表我们对赌博机真实分布的估计，这些不可直接被观察的回报概率分别为 0.1、0.3 和 0.8。

这里看到的是与图 7.5 给出的完全不同的分布集合。第一个（赌博机 1）在回报概率为 0 的时候有最大值，第二个在 0.4 附近，第三个在 0.8 附近。注意分布的宽度。

赌博机 1 和 2 的信念比 0.8 左右紧凑分布的赌博机 3 要宽。

　　如果你对比图 7.6 和图 7.7，就会更清楚地明白这期间发生了什么。在最初的几轮游戏中，因为基于信念的分布基本一致，算法倾向于选择任意一个赌博机来进行游戏，这就导致累积遗憾值在开始的时候会迅速增加。随着游戏的进行，每轮游戏的结果将反馈给模型，我们对第三个赌博机的信念以及它的高回报概率开始体现出优势。这台赌博机被玩得越多，它就能赢得越多，我们对其真实回报概率为 0.8 左右的信念也会变得越来越强。在第 1000 轮的游戏中，从这些概率密度函数中抽样后，赌博机 3 中将始终保持最大值。因此赌博机 3（最佳的赌博机）将总是会被选中，并且后续没有更多的遗憾值累加（后续再没有错误的决策）。

　　有趣的是，虽然赌博机 3 的回报均值的信念几乎跟真实的概率一致，但是赌博机 1 和 2 的却相差甚远，这是因为这两个赌博机被选用得相对较少。事实上，我们并不关心它们的真实值——只要被选择的赌博机是表现最好的就行了。

　　这里提供的是单策略的效果的快照。考虑到选择赌博机时存在一定的概率因素，因此同样的策略在多次执行时显示出的图 7.6 会略有不同（但是基本相似）。在下面的程序清单 7.12 中，我们将循环执行 100 次然后绘制图形，来证明每次独立执行的结果确实是相似的。

清单 7.12　多次执行贝叶斯赌博机策略的遗憾值

```
plays=1000
runs=100

for i in range(0,runs):
    bandit_list = [Bandit(0.1),Bandit(0.3),Bandit(0.8)]
    bandit_params = [(1,1),(1,1),(1,1)]
    regret_total = run_single_regret(bandit_list,bandit_params,plays)
    plt.plot(regret_total,label='%s'%i)

plt.title("expected regret against steps in experiment")
plt.xlabel("Step in experiment")
plt.ylabel("Cumulative expected regret in experiment at this step")
plt.show()
```

　　在 100 轮运算中，每次执行我们都小心地重置学习的参数。图 7.8 展示了程序执行的图形化结果。

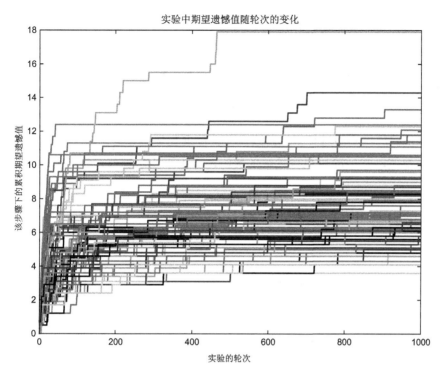

图 7.8   对 1000 轮的游戏重复执行 100 次的结果图。由于贝叶斯赌博机天然存在概率因素，因此每次实验的结果不完全一样。

此处可以看出从初始时一样的贝叶斯赌博机，经过独立的几轮运行之后，结果变得各不相同。累积遗憾值从 4（实际结果和最优结果的期望差异是 5）变到 18。在大多数情况下，累积期望遗憾值在实验的最后都趋于平衡，表明当前已经执行的是最优策略了，但是仅仅通过看该图很难对此做出明确结论。

如果我们对所有的实验进行总结，然后提供单个全局的图形，就会好很多，通过程序清单 7.13 可以实现这个功能。通过提供平均期望遗憾值，可以了解对于特定数量的赌博机以及相关的参数，平均需要使用多少时间来学到最优的策略。

清单 7.13   计算平均累积期望遗憾值

```
regret_sum=np.zeros(plays)
plays=1000
runs=100

for i in range(0,runs):
    bandit_list = [Bandit(0.1),Bandit(0.3),Bandit(0.8)]
    bandit_params = [(1,1),(1,1),(1,1)]
```

```
    regret_total = run_single_regret(bandit_list,bandit_params,plays)
    regret_sum=map(add,regret_sum, np.asarray(regret_total))

plt.plot(regret_sum/(runs*np.ones(plays)))
plt.title("average expected regret at each step over %s iterations"%runs )
plt.xlabel("Step in experiment")
plt.ylabel("Average total expected regret in experiment at this step")
plt.show()
```

　　如前所述，我们每次实验进行多轮游戏，并且都重置学习参数。每一步都计算总的累积期望遗憾值，然后除以包含轮数的数组，算出平均遗憾值，生成如图 7.9 所示的结果。

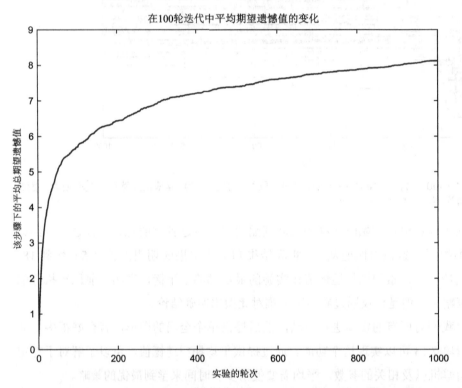

图 7.9　100 次迭代中每步的平均累积期望遗憾值。注意，随着步数的增加，梯度逐步下降，这是因为贝叶斯赌博机会随着实验的进行，做出相对更好的决策，也就不可能带来额外的遗憾值。

　　可以看到，随着实验中步数的增加，累积遗憾值的增速在降低。这是因为，通常贝叶斯赌博机平均来看，往往在后续的单轮执行中会做出更好的决策。虽然图 7.9 所示的曲线没有在 1000 步内收敛（梯度没有下降为 0），看上去贝叶斯赌博机相比最优策略在顺序的 10 次回报中有所迷失，但如果考虑到最优策略的回报大概在

1000*0.8=800 次，这样就不算太糟。

影响贝叶斯赌博机的因素

在前面的内容中，我们介绍了贝叶斯赌博机的原理，展示了概率分别为 0.1、0.3、0.8 的 3 个赌博机是如何运作的。在平均 1000 轮游戏的场景下，我们预期的回报损失大概在 10/800~1.25%，但这是一个特别好的情况，让我们看一下影响贝叶斯赌博机的一些其他因素：

- 概率的相似度（similarity of probability）——如果各个赌博机的概率比较相近，学习出的分布则倾向于有大量的重叠。这意味着贝叶斯赌博机更倾向于"偶然"的探索；换句话说，没有最高均值的分布将会产生最大的抽样值。如图 7.10 所示，这将导致累积期望遗憾值更大，并且需要更长的时间收敛。

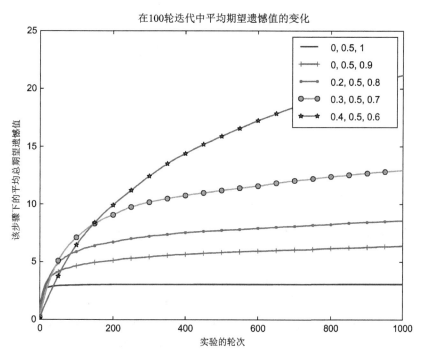

图 7.10 5 个实验的累积期望遗憾值，每次实验使用 3 个赌博机，全局的回报概率如图所示。可以看到，赌博机在接近真实概率的地方趋向于更高更长的探索周期。

- 概率的量级（scale of probability）——如果我们重复实验，将原本的概率除以 10 替换（概率为 1.0 变成 0.1，0.9 变成 0.09 等），将会看到有趣的趋势。累积期望遗憾值的顺序颠倒了（如图 7.11 所示）！为什么会这样？当概率的量级减少时，回报事件发生的概率也降低，这意味着以下几点。首先，到达收敛所需的步数会增加，因为我们需要更多次拉动赌博机手臂来获取信息。第二，会有连锁反应，相比概率值高的，全局的遗憾值会更高。顺序颠倒的原因是，这只是遗憾值曲线非常早期的形状，对比图 7.11 以及图 7.10 的前 30 次迭代。换句话说，第二次实验迭代 1000 次的效果等同于第一次实验迭代 30 次。

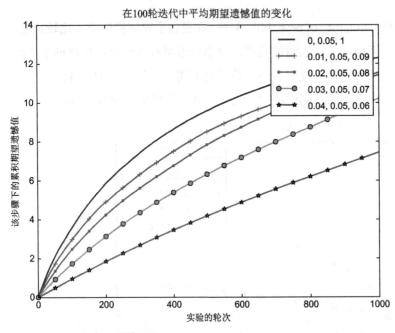

图 7.11　用缩小后的概率进行 5 次实验的累积期望遗憾值。注意与图 7.10 的关系，缩小的概率值导致了颠倒的关系以及更慢的收敛速度。

- 赌博机的数量（number of bandits）——赌博机的数量从 1 台增加到 10 台，然后重复之前的实验，每次都将在概率空间中均匀平衡。例如 1 台赌博机总是有回报，2 台赌博机的回报概率为 1 和 0.5，3 台赌博机为 [1,0.66,0.33] 等。图 7.12 显示了类似的输出，从中能看出增加的遗憾值以及更慢的收敛速度，但是这些速度的差异在前两个实验中没有标记出来。相比全局的回报概率以及机器相互间概率分布的接近程度，实验中赌博机的数量对收敛速度似乎更加占主导地位。

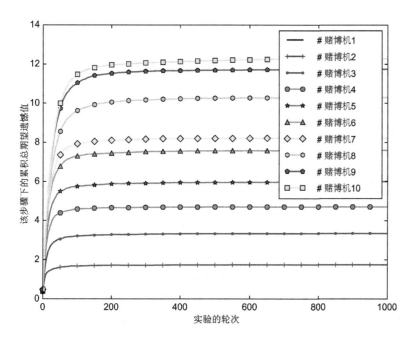

图 7.12 增加赌博机的数量并进行 10 次实验后的累积期望遗憾值。随着赌博机数量的增加，回报概率均匀分布在空间中（除了 0 概率的赌博机）。

7.4 A/B测试与贝叶斯赌博机的对比

本章至此已经讨论了做出正确决策的几种方法，在社区中对 MAB 的讨论有很多，很多言论说得天花乱坠——认为它是比 A/B 测试明显更优的选择。不过如果能在优化的同时，测试你的决策，这难道不比 A/B 测试那样等待最后的统计差异更讲得通吗？

不管是否选择，正如所有的机器学习技术一样，我们需要经过一系列的权衡取舍，在正确的情景下小心地选择正确的方法。表 7.1 提供了在选择贝叶斯赌博机以及 A/B 测试时的一些考虑因素。

表 7.1 贝叶斯赌博机以及 A/B 测试的一些考虑因素。切记，
你应该为不同的应用领域选择最合适的解决方案。

贝叶斯赌博机	A/B 测试
持续性的在线优化	运行后单次优化
多个变量	单个测试变量
置信度而非显式度量	明确的统计结果

贝叶斯赌博机	测试
收敛情况与选项数量、回报率和差异值相关	收敛情况与回报率、对照 / 测试集的差异相关
累积遗憾值直到收敛（通常＜最大遗憾值）	最大遗憾值直到有回应，然后没有遗憾值
通常较慢获得回应	通常较快得到回应

　　表 7.1 展示了 A/B 测试和贝叶斯赌博机各自不同的优点和局限。在特定的情况下，其中一种可能完全不适用。如果没有其他的选择，我们希望读者可以把注意力放在收敛速度上（在 A/B 测试中是指获得统计意义，在贝叶斯赌博机中是指累积遗憾值不再增加）。

　　以本章最开始的网站优化为例，我们讨论一下每种解决方案的收敛速度。首先请注意，任何行为的改变可能是微小的（<0.01），而我们已经知道贝叶斯赌博机相比大的改变提升，需要更多的收敛时间。如果我们现在增加了多种选择，在同一个实验中测试多种登录页面，将会更加影响收敛速度。假如用户变化导致的底层分布变得比模型收敛更快呢？比如，季节趋势，销售或者其他因素可能会影响我们假设静止的底层分布。这种情况并不是说贝叶斯赌博机完全没有用，而是需要你明白两者各自的特色。它们不是万能灵药，不能认为简单地进行很多次测试就能让技术像 Oracle 数据库一样完美执行，请千万小心！

7.5　扩展到多臂赌博机

　　令人振奋的是，与前面介绍过的深度学习类似，这个领域仍然有很多前沿的研究。在写本书的时候该领域仍然非常活跃，推荐读者自行了解相关的一些著作。[1,2,3] 本小节将会介绍在 MAB 领域的一些有趣的进展，并提供详细的信息和研究参考引文。

---

[1]　John Myles White, *Bandit Algorithms for Website Optimization* (O'Reilly, 2012).

[2]　Richard Weber, "On the Gittins Index for Multiarmed Bandits," *Annals of Applied Probability* (1992): 1024–1033.

[3]　J. C. Gittins, *Multi-armed Bandit Allocation Indices* (John Wiley and Sons, 1989).

7.5.1 上下文赌博机

上下文赌博机（contextual bandits）[1] 是对传统方法的一种重要扩展，通过加入额外的信息作为输入，来影响每轮的策略。这个方法源自赌博机是否有回报不仅依赖于机器本身的固定概率，还有上下文的因素，图 7.13 对这种范式进行了图形解释。

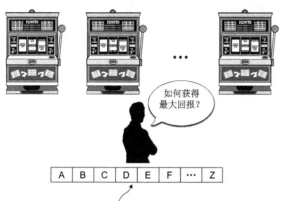

图 7.13　上下文赌博机。回报概率并不固定，而是依赖于上下文。处理这个问题的一种办法是，玩家在某个时间给定一组属性，机器的回报概率会根据这组属性而改变。在这种情况下最佳策略必须是最小化累积期望遗憾值。

在广告界里有解决这些问题的直接方法。在本章开始时我们讨论了用赌博机来选择最合适的广告属性，比如颜色或形状。当时解决该问题的办法是允许优化全局广告属性，但是不把广告展现的用户考虑在内。使用上下文赌博机则对这个问题有帮助。

7.5.2 对抗赌博机

回顾之前的章节，到目前为止，你会发现我们有一个隐含的假设：回报的分布是静态的。也就是说，我们在玩赌博机的时候，这些概率分布是不变的。对抗赌博机（adversarial bandit）的方案 [2] 则没有设置这样的假设，其每轮的执行过程如下所示。

[1]　John Langford,"Contextual Bandits,"*Machine Learning* (*Theory*), October 24, 2007, http://hunch.net/?p=298.

[2]　P. Auer, N. Cesa-Bianchi, Y. Freund, and Robert E. Shapire,"Gambling in a Rigged Casino: The Adversarial Multi-armed Bandit Problem," *Foundations of Computer Science* (1995), Proceedings of the 36th Annual Symposium on Foundations of Computer Science (IEEE, 1995): 322–31.

1. 对手选择一个向量：大小为赌博机的数量。里面存了每个赌博机每一步的回报奖励。
2. 玩家在不知道对手选择的情况下，选择一个赌博机来执行他们的策略。
3. 在信息齐全的游戏里，玩家可以看到所保存的全部回报向量。在部分信息的游戏里，玩家只能看到他们所选择的赌博机的回报情况。

上述步骤持续进行若干轮之后，玩家必须最大化回报并且最小化遗憾值，该过程如图 7.14 所示。

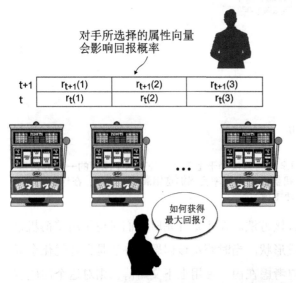

图 7.14   对抗赌博机问题。在这个 MAB 的变种问题中，解决方案没有对回报的潜在分布做固定的假设，而是对此建模为一个玩家和对手之间的游戏。每一步，玩家选择一个赌博机时，对手选择一个回报的向量。在一种游戏中（信息是全量的），玩家可以看到所有的回报向量，在另一种游戏中（部分信息），玩家只能看到自己选中的赌博机的回报。

7.6   本章小结

- 我们介绍了几种如何做出正确选择的方法。简单来说，我们关注的是在面临多种选择的时候如何做出选择的策略。
- 我们还介绍了如何在 A/B 测试中使用 z 分数，并且讨论了统计显著性的影响。
- 你可以了解到，收集的数据越多，对效果的潜在变化的把握度就越高。
- 我们还介绍了有重要影响的其他几个因素：两个组的方差以及它们在比例上

的绝对差异值。

- 我们介绍了多臂赌博机的概念，MAB 允许我们使用之前的信息（在获得明确的统计性之前）从概率上修正我们选择的分布。

- 我们介绍了 MAB 如何在全局上获得更低的遗憾值。

- 我们强调了 MAB 不是万能药，存在很多因素会影响收敛速率。我们分析了其中的一些因素，并重点提醒了需要小心注意的一些常见误区。

智能Web的未来

本章要点

- 总结和回顾
- 智能 Web 的未来应用
- 智能 Web 的社会影响

在本书中，我们向你展示了智能 Web 的现状，分享了基础知识点，并介绍了智能算法是什么以及怎样评价它们。你的眼睛将会注意到每天围绕在身边的各种过剩的智能算法！在工作中你已经学会了算法设计的注意事项和需要避免的一些关键误区。

当今机器学习界的哲理是"更多的数据比聪明的算法更有价值"。[1] 从深度学习的案例中可以看出，运用计算和网络的特性可以取得很大的效果提升。Web 上有浩瀚的信息，打通和获取这些信息非常有价值，在本书附录中将集中介绍。尽管这些内容看上去与很多人理解的智能算法有距离，但是对此的热心强调是极为有必要的。

---

[1] Pedro Domingos, "A Few Useful Things to Know about Machine Learning," *Communications of the ACM* 55, no. 10 (October 2012): 78–87.

未来该领域的实践者一定要了解实时数据的规模、速度和有效性。

智能算法中我们认为最普遍的主题本书都覆盖了,包括:提取结构、智能推荐、分类、点击预测、深度学习以及选择和测试等。这些主题之间并非完全没有关联,我们也尽可能地介绍了这些概念间的关系。针对特定的解决方案,请把这些主题作为设计模式——或者蓝图。未来如果你面对的一些情况感觉上像是推荐系统的问题,请参考第 3 章;如果你所编写的系统需要在多个方案中做出选择,请回忆第 7 章的内容。

需要提醒读者的是,本书还谈不上综合全面,智能算法涵盖了广阔的主题,关联很多领域,我们很难把所有的知识都塞进这本书里!相反,我们希望读者看完本书的时候能领悟到如何运用智能算法来解决所遇到的问题,以及目前已有的一些方法。好消息是这个领域仍然处于羽翼未丰的发展早期,有很多特定的应用问题等待着被解决,相应的技术研究也正在进行。作为该领域脚踏实地的实践者,你有责任去融会贯通这些技术和问题,突破现存的桎梏,寻找到前行的道路。祝你好运!

8.1 智能Web的未来应用

在本书开篇的时候我们概括描绘了真实的智能 Web 应用的运作方式——用 Google Now 这款产品为例——因此不妨从这里划条线作为起点,展望未来哪些应用领域能够为培育新的算法创造肥沃的土壤。有些应用领域属于风口浪尖的主流应用,而另一些则较为小众。由亲爱的读者自己来判断哪些科技将能被实现,哪些仍会是幻想。

8.1.1 物联网

物联网是对所有设备都能联网和实时在线的计算机新浪潮的概括表达。物联网是 Marc Weiser 对万物互联趋势判断的实现方式,[1]计算能力已经渗透进我们日常生活的各个方面。到目前为止,物联网的很多内容还停留在概念阶段,因为信息传输的标准化和安全性仍然有待解决。虽然你可能觉得很多智能家居产品已经让物联网看上去有了很大的进展,[2]但是真正全面联网的房间:能替你购物、安排日程、和手机

---

[1] Marc Weiser, "The Computer for the 21st Century," *Scientific American*, September 1, 1991: 66–75.

[2] Nest Thermostat, 01/01/2015, https://nest.com/thermostat/meet-nest-thermostat/.

交互、启动晚餐、激活洗衣机等是不是更妙？这些都还远未实现。很多智能算法等待着被设计出来，为了让这些设想成真，任重而道远。

8.1.2　家庭健康护理

将前面自我感知家居的想法进一步扩展，设想一下是否可以建立一个对居住者的健康特别关注的房间呢？尤其对老年人、病人或者在家医疗的人来说特别有价值。这样的智能房间也许能够自动监控用户的行为和动作趋势，[1,2] 周期性地采集用户关键的身体指标。这将使得医生能看到患者当前健康指标的现状得到改变，长期的健康信息将可以被记录（可能只允许通过私密的网络获取），脱离医院环境下的服务也许会增加。在那样的世界里，需要开发出能够自动检测和理解关键的异常健康信号的算法，这些算法将要求有很低的假阴性率，同时还要考虑到个体监控数据的私密性等。

8.1.3　自动驾驶汽车

很多读者都知道 Google 无人驾驶汽车已经开发了好几年了，[3] 在未来也许会出现完全自动化的无人出租车调度网络，算法将充分优化行车路线以让顾客到达目的地的时间最短。更进一步，让我们想象一下，如果未来所有的汽车都实现了自动驾驶和全面联网，我们的生活会变成什么样？倘若合适的安全措施已经满足，交通运力的能力将被最大化，交通事故将大大降低，出行越来越安全——这将完全仰仗智能算法来实现。你也许会说，现在我们已经朝着这个方向在发展了，因为有些保险公司正在通过在车辆上安装数据监控器的方法来帮助降低保费。[4,5]

---

[1] Douglas McIlwraith, "Wearable and Ambient Sensor Fusion for the Characterisation of Human Motion," International Conference on Intelligent Robots and Systems (IROS) (IEEE, 2010): 505–510.

[2] Julien Pansiot, Danail Stoyanov, Douglas McIlwraith, Benny Lo, and Guang-Zhong Yang, "Ambient and Wearable Sensor Fusion for Activity Recognition in Healthcare Monitoring Systems," IFMBE proc. of the 4th International Workshop on Wearable and Implantable Body Sensor Networks (IFMBE, 2007): 208–212.

[3] Google Self Driving Car Project, https://www.google.com/selfdrivingcar/.

[4] Adam Tanner, "Data Monitoring Saves Some People Money on Car Insurance, But Some Will Pay More," Forbes, August 14, 2013, http://mng.bz/PWgf.

[5] Leo Mirani, "Car Insurance Companies Want to Track Your Every Move—And You're Going to Let Them," Quartz, July 9, 2014, http://mng.bz/1elQ.

8.1.4 个性化的线下广告

我们在本书中多次提到个性化的在线广告技术，但是是否可以让广告离开屏幕进入我们现实生活中呢？你可能在电影《少数派报告》（*Minority Report*）[1]中已经看到过类似的形式，其中个性化的广告随着人们和环境的交互在线下展示。很科幻是不是？2013年，伦敦街头安装了一些带有广告屏幕的智能垃圾桶，它使用了开放Wi-Fi网络来记录经过的客流信息——通过统计连接到网络的设备的唯一MAC地址的数量。[2]用这种方式广告主可以判断用户是否曾多次步行经过，并自动减少广告的重复展示。尽管这个实践很快就终止了，[3]但是确实提供了一种有趣的新概念和有价值的思考。

这类应用的解决方案也许会基于将本地化感知设备迁移到网络上，建立起数字世界和物理世界的桥梁。点击预测技术也许将基于其他的一些因素，例如你在物理世界里的位置移动信息，或者你在上班的路上是否看过某个广告。

8.1.5 语义网

互联网包含海量的信息，但是我们与之交互的最常见的形式仍然比较落后，重度依赖于通过若干搜索引擎来接收请求（关键词）和返回相应的网页或文档。这种方式虽然可行，但是与我们日常和亲人、朋友、同事相互之间自然的交流方式相差甚远。[4]即使实体之间的简单关系（例如猫是一种动物）也没有被用到，所以关键词搜索还无法使用像人类一样使用这些隐含的常识来进行搜索。

如果我们能够向Web询问问题，通过一系列的关系分析后，能给出推理演绎的结果、或者展示一个信息表、或者执行某个动作，这个过程的体验会非常好。这就是语义网（semantic web）的未来展望，语义网的概念由Tim Berners-Lee等人在2001年提出，[5]它通过由标记语言嵌入页面的知识，以及现存的本体论（ontologies）

---

[1] Andrew Orlowski, "Facebook Brings Creepy 'Minority Report'-Style Ads One Step Closer," *The Register*, November 09, 2015, http://mng.bz/ML01.

[2] Siraj Datoo, "This Recycling Bin Is Following You," *Quartz*, August 08, 2013, http://mng.bz/UUbt.

[3] Joe Miller, "City of London Calls Halt to Smartphone Tracking Bins," *BBC News*, August 12, 2013, http://mng.bz/k56c.

[4] 尽管我们已经看到了相应的技术正在快速发展变化——如Google Now和苹果公司的Siri（www.apple.com/uk/ios/siri/）。

[5] Tim Berners-Lee, James Hendler, and Ora Lassila, "The Semantic Web," *Scientific American*, May 1, 2001: 34–43.

集合，将常识连接在一起使得逻辑归纳更容易。代理（agents）可以基于语义网来提取信息，基于一系列推理或证明来执行操作。这种方式的一个关键优点是，推理结果是可以被代理用与人类语言类似的形式来解释的，如果用户不同意代理返回的信息，推理规则和本体论都可以返回，让用户去检查推理过程中的逻辑步骤是否正确。

上面引用的论文里提到的开放案例也许和我们最为流利自然的用户体验还有一定的距离，但是工业界正在对此方向的研究找寻方法。我们确信，对 Web 上海量信息提供丰富语义的尝试对智能算法的设计师是非常有好处的，让我们能够不仅获得数据，还能获得知识。

8.2　智能Web的社会影响

在前面的段落里，我们介绍了智能应用存在发展前景的一些潜在领域。是否这些预见能够成为现实还有待验证，但是有一件事是千真万确的：这些预见的实现依赖于已有的或将被创造的科技。其中接受和法规是一个主要问题，因为有些事情可以做并不意味着应该做，在跨越进那样的未来世界前有一些社会影响需要考虑。

大多数智能算法面临的顾虑集中在隐私和安全方面。不管是线上还是线下用户都有权保留个人的隐私，同样，用户也有权期望有关自己的数据被安全保护、不受恶意使用。因此智能应用的设计者应该尊重这些需求，重视数据的风险。最后，我们把这个问题归结为使用效果，如果用户获得的可量化的收益比风险要高，并且有理由相信自己的数据被安全使用，那么此时用户是会愿意放弃部分控制自己数据的权利的。

以使用智能手机为例，这种设备能够在全球范围内实时地精确定位和跟踪你的位置移动信息，掌握这些数据的公司，理论上讲，对你的移动信息不感兴趣。作为回报，你只需要触摸一个按键就能够和类似的用户通信。这有一个极端的利弊权衡：详细的位置移动信息与极有价值的一个应用之间的取舍。因为即时通信对人们来说非常有价值，因此使用智能手机这个决定会很快。预计我们将能见证更多的例子，提供帮助价值的智能应用能让用户甘愿提供免费的个人信息。

我们认为，当前我们正处在智能 Web 的十字路口，用户比以前更加见多识广，更加想了解他们的数据是如何被使用的。我们的责任就是在用户隐私和安全方面做出有意义的进步。因此，智能算法的开发者们责无旁贷、任重道远！

附录A
抓取网络上的数据

正如你在本书中学到的，智能应用系统（intelligent applications）可以基于信息来改变他们的行为，因此我们必须有一套捕获与访问数据的机制，考虑到本书讨论的是规模化的网络处理，所以在设计系统时我们需要考虑到以下几点：

- 规模性（volume）——系统应该有能力处理 Web 级别的数据。
- 扩展性（scalability）——系统需要能根据负载变化进行配置。
- 持久性（durability）——网络变化甚至中断不能影响数据最终的一致性。
- 时效性（latency）——数据的发布和抓取之间不应该间隔太长时间。
- 灵活性（flexibility）——数据访问应该灵活，即允许多个服务在不同状态下从平台读写数据。

在互联网产业中，我们通常会把发生的一些事件记录（logging）到日志或者日志文件中，在接下来的部分中，我们将对日志文件进行详细讨论，然后再提供一个替代方案，并依据前面的几点进行评估。为了设置一个示例场景，在本附录的剩余部分，我们将以在线广告行业作为一个示例来进行说明。

从实例出发：在线广告展示

虽然可能很多人对浏览网页时铺天盖地的广告感到厌烦，但却没有人能够否认广告始终存在这个现实！通过电子设备来消费媒体内容的人数逐年增长，在线广告行业的收入已经达到了数十亿美元，[1] 而且这个数字还将持续增长。

---

[1] Internet Advertising Bureau, "Digital Ad Revenues Surge 19%, Climbing to $27.5 Billion in First Half of 2015," October 21, 2015, http://mng.bz/Ud70.

　　从核心本质来看，在线广告的概念很简单，但在简单的概念背后却又隐藏着巨大的复杂性。比如最简单的形式，广告客户付款给发布商以展示广告，或者为消费者和广告的互动行为付费。当然还有更复杂的模型，但这里我们先不让问题复杂化。前者是按每千次展示计费（CPM），也就是说，广告商按照发布商每 1000 次的广告曝光向其支付费用，而后者则是基于点击次数计费（CPC），即广告客户根据消费者的点击情况向发布商付款。

　　复杂性出现在所有这一切发生的过程中。广告商不是直接与发布商进行合作，而是在公开市场或交易平台上进行互动。在这里广告曝光的机会被商品化并鼓励竞争。这又驱动了为 Web 用户提供更有相关性的广告，并带来更好的体验。

　　你可能已经注意到，在点击计费（CPC）的例子中，其实存在着套利的机会。在需求方（广告客户）方面，你可以运用用户数据以及用户行为习惯来投放广告，以增强用户点击率（CTR）。这一部分可以基于千次展示计费（CPM）方式以较低的价格购买广告展示机会，然后运用网络和广告互动的数据产生出高于行业平均水平的效果，从而能够将这些广告以 CPC 的方式出售并获取其中的利润。图 A.1 展示了这个过程。我们刚刚描述的是一个需求方平台（DSP）的简化版本，在第 5 章中讨论过相应的智能算法。这个例子也可以帮助我们很好地演示大量数据的收集过程。

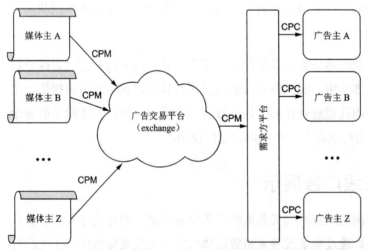

图 A.1　需求方平台概述。DSP 运用所掌握的用户数据来提供更好的交互效果。因此他们可以对以 CPM 方式购买的内容通过 CPC 方式来销售，获得利润。

可用于在线广告的数据

如你所知，智能算法必须基于数据才能运行，因此我们有必要深入了解用于定向广告的数据收集机制。当虚拟 DSP 每次和广告交易平台（exchange）进行交互时，它都将执行 cookie 同步操作。也就是说，交易平台或者会给 DSP 发送一个 DSP 已识别的用户 ID，或者将平台本身的 ID 发送给 DSP，然后 DSP 将据此来查找其自己对应的 ID。究其原因还是与网页的安全性和标识符的作用范围有关；对其具体的解释不在本示例的范围之内，整体上说就是 DSP 可以获得符合其特定格式的用户 ID 来查找有关该用户的行为信息。

DSP 存储什么信息呢？基本上任何与用户、网站、广告相关的互动行为都会被存储下来。让我们通过一个例子来加以说明。假设你正在访问阿迪达斯网站，而阿迪达斯使用了我们的虚拟 DSP，这样你就与 DSP 建立了一种复杂的关联关系。此时你与该站点以及相关联的站点的所有交互行为都可以被 DSP 访问。如果你浏览跑步鞋，一则消息会被发送回 DSP 并通知它；如果你还浏览了休闲鞋，类似的信息将被传送；如果通过 DSP 展示广告，你点击了其中的一个广告，则同样会通知 DSP。有趣的是，这些信息的范围不仅限于阿迪达斯本身。如果你访问了 DSP 的其他合作伙伴——比如沃尔玛——这个信息也将被发送回 DSP 并根据你的标识 ID 来存储。本书第 5 章中有对这些信息使用方法的详细讨论；现在，你需要知道的是，对于网络上的每一次互动，大量的有关你的信息都会被存储下来。对一个 DSP 来说，这意味着在数据收集和存储方面提出了重大挑战。

数据收集：一种简洁的方法

和其他问题类似，收集和处理数据也总是有非常简单的办法，但如你所料，它也并不是最优的办法。为了让你理解这其中发生了什么，让我们一起来看一个假想的 DSP 的数据处理的简单架构，如图 A.2 所示。

网页浏览器会记录用户的互动行为，传送回 DSP 服务器并进行处理。如图 A.2 所示，接收服务器配置了许多并发连接，且必须设置为能够处理高连接负载。一旦互动行为被接收，就需要发生许多操作。首先你可以看到，根据交互行为的类型，事件被记录到不同的文件夹。这样操作的原因与优先级有关，点击日志等同于金钱，因此让这些数据的延迟最小化会带来良好的商业意义。

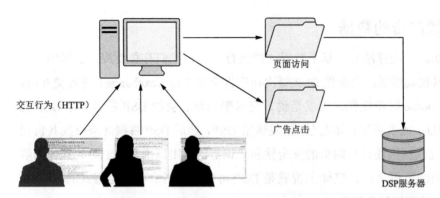

图 A.2　典型的 DSP 日志处理架构图。用户的网页交互行为由浏览器记录并通过 HTTP 发送回 DSP 服务器。根据交互行为的类型不同，这些数据将被写入不同的文件并分别存储。随着时间的推移，这些文件被合并整理并导入到数据库中以便进行下游处理。

为了完成日志传输（log shipping），日志文件将被发送到数据库，周期性地对文件完成处理并启动一个新文件，这对我们尽快发送数据很有意义。因此，当数据进入系统并被处理时，需要不断地创建、完成和回收文件。

在此阶段，已完成归档的数据将被发送到数据库以便导入。在这里，我们必须对几种可能发生的失败情况进行优雅地处理。首先，意外损坏的文件必须提供人工干预的机制。其次，处理完毕的文件必须分开存档，并且如果传输失败则必须重试。另外，数据库接收数据并保持数据的一致性也是至关重要的，如果缺乏这个机制，将无法有效地生成账单和报表。

管理大规模的数据采集

我们刚才描述的是一个假想 DSP 示例的非常简单的日志处理管道。现实应用时，在很多领域里，系统的复杂性显著增加。让我们回到本附录开头所描述的创建一个采集系统的必备要素，并研究如何适用于该解决方案。

为了在系统中实现高吞吐量，需要让接收服务器的连接阈值最大化；除此之外，我们还必须找到一种能够在接收端并行处理日志的方法，有许多方式可以实现这一点：可以将处理服务交给本地化（对站点或用户）部署的或者随机负载均衡的服务器来执行。虽然这种方式具备水平扩展能力，但文件必须在特定时刻重新组合，组合过程可以发生在中间阶段或传输至数据库后。该方法的问题是它引入了若干故障点，并且引入了节点和数据库之间的协调层。例如数据库可能需要等待故障节点恢复后才能合并和导入文件。

虽然这样的系统有可扩展性，但是实现方法与所选择的架构紧密相关。例如，相比为了管理特定负载配置文件（如根据站点的位置）而仔细构建一个处理节点的方案，将一个处理节点添加到随机负载均衡的系统的方案更容易一些。当然，可扩展性此时难以保证自动化。

持久性在系统设计时也需要考虑。我们已经提到了传输失败和损坏，正如你所见，在处理任务流水的不同阶段间需要高度的逻辑性和协调性。虽然得到正确的结果总是可能的，但是要解决的问题确实非常复杂，在实现的过程中需要格外小心。

延迟性与系统设计中的几个方面密切相关。为了将某个事件传输到数据库，它必须首先到达文件写入器（file writer）和写入文件，并且该文件必须被正常关闭。这个过程将依赖于接收服务器的负载和处理队列功能，以及日志文件的最大写入量。传输完毕后，文件必须再次等待数据库应用程序被导入。

在灵活性方面，数据只有唯一的消费者：数据库。多个消费者将导致传输带宽的增加，因为日志文件将不得不发送给所有消费者，这将对数据一致性所需的逻辑产生复杂影响。如果允许消费者处于不同的处理阶段，则需要启用日志传送代码来承载相应的逻辑。

希望这个简单的例子足以让你了解在大规模网络下捕获数据有多么不容易！当然，这完全取决于你的应用程序及其需求，但是本附录开头部分介绍的若干条宗旨将作为你的应用程序的基础，每条宗旨都会对你的智能算法及其部署周期产生相应的影响。例如，如果你的训练数据可以很快地传入你的算法，那么你就可以更快地训练模型并生成相关性更强的结果；如果数据访问很灵活，那么你就可以使用多个不同算法并行地处理数据。如果一个系统是为这样的目标而设计和建造的，那岂不是很棒吗？

Kafka技术介绍

碰巧，就有一个为此目的而创建的系统！Apache Kafka 是一个高并发、低延迟的分布式日志处理平台。Kafka 的核心是一个分布式的 broker（Kafka 的 server 实例称为 broker）集群。数据的生产者可以将消息发布到一个 topic（指定类型的一个消息流）上，并存储在一组 broker 上。然后数据消费者可以订阅一个或多个 topic 并直接从 broker 消费数据。在进一步深入这个强大框架的细节之前，是时候亲自动手来写一些代码了！

首先，需要在你的系统上运行 Apache Kafka 的最新版本。在撰写本文时，version 0.10.0.0 是当前的稳定版本，从 Kafka 项目主页（http://kafka.apache.org/）可以直接下载，请确保下载的是为已安装的 Scala 构建好的二进制文件。本附录中我们已经针对 Scala 2.10.4 进行了测试。下载后将其解压缩到一个合适的位置，然后进入相应文件夹的根目录。接下来你可以使用以下两个命令启动默认配置的 Kafka：

```
./bin/zookeeper-server-start.sh ./config/zookeeper.properties &
./bin/kafka-server-start.sh ./config/server.properties
```

此时将启动 Kafka，并默认绑定到端口 9092，这些默认配置可以在 server.properties 文件中设置。根据配置文件，Zookeeper 将会启动并且默认绑定到 2181 端口，它是用于共享 Kafka 配置的中心化模式服务，稍后将对此进行详细介绍。你必须指定一种开发语言和 Kafka 进行通信，因为本书使用了 Python，所以这里我们将使用 David Arthur 的 kafka-python[1] 来连接我们的 Kafka 实例（v0.9.5）。为了运行本附录中的示例，假定你已经安装好了你最顺手的 Python 环境。有关安装的更多详细信息，请参阅本书的相关文档，也可以参考（www.manning.com/books/algorithms-of-the-intelligent-web-second-edition）上提供的代码。程序清单 A.1 提供了用于将你的第一组消息发送到 Kafka 实例的 Python 代码。

清单 A.1　Kafka 的简单消息发送

从kafka-python模块中导入相关的定义　　　　　　　　　建立一个KafkaClient对象并指向本地的Kafka实例

```
from kafka import KafkaClient, SimpleProducer
kafka = KafkaClient("localhost:9092")
producer = SimpleProducer(kafka)

producer.send_messages("test", "Hello World! ")
producer.send_messages("test", "This is my second message")
producer.send_messages("test", "And this is my third!")
```

建立SimpleProducer实例用于发布信息　　　　　　　　　在 "test" topic下向kafka发送消息

在 Python 提示符中运行 A.1 中的每行代码。如果一切顺利，你应该可以看到类似于以下的输出：

---

[1]　David Arthur, kafka-python, https://github.com/dpkp/kafka-python.git.

```
[ProduceResponse(topic='test', partition=0, error=0, offset=1)]
[ProduceResponse(topic='test', partition=0, error=0, offset=2)]
[ProduceResponse(topic='test', partition=0, error=0, offset=3)]
```

那么刚才发生了什么？我们来对代码逐行进行说明。初始导入 kafka-python 模块后，将创建一个 KafkaClient 对象，然后实例化一个 SimpleProducer，并在退出之前发送三个消息到 "test" topic。

让我们再进一步研究一下：send_messages 方法返回一个 ProduceResponse 的对象列表，每一个消息都被该方法提交一次，每个对象都有 topic、partition、error 和 offset 属性。前面我们已经提到了 topic，但是其他属性是什么呢？图 A.3 显示了 topic、partition 和 offset 间的关系。

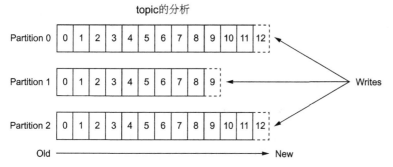

图 A.3　对 topic 的解析，取自 Kafka 参考文档。[1] topic 由一个 partition 日志组成，日志只能在尾部追加。partition 是不可变的，即它们一旦被提交后就不能再被更改。

topic 是由多个 partition 构成的，每个 partition 必须保持在同一 broker 上，但是单个 topic 的 partition 可以分布在多个 broker 上，这样设计有以下几个目的：首先，它允许 topic 突破服务器的容量限制。尽管每个 partition 必须存在于承载它的物理主机上，但逻辑单元——topic——却可以跨越单台物理主机，而且它还提供了一定程度的冗余和并行性，可以保留重复的 partition，并且可以从不同的机器读取和维护多个 partition。partition 中包含的数字说明了图 A.3 中的偏移量（offset）。而这个偏移量则唯一地标识分区中的元素，因此体现了良好的不变性。

集群将对所有发布的消息保留一定的时间，这个特定的保留时间可以通过 topic 来配置，之后则删除日志以释放空间。这意味着任何消费者都可以及时回溯已经处

[1]　Apache Kafka Documentation, *Apache Projects*, http://kafka.apache.org/documentation.html.

理过的数据，因为关于日志处理的状态可以由消费者自己控制，日志处理的进行状态等于它在每个分区（partition）中的偏移量（offset）。

让我们再回过头来分析一下 send_messages 方法，现在我们可以更加清晰地了解这些属性。topic 和 partition 属性分别是写入的主题和分区，offset 则提供了该消息在分区中的位置。写入时发生的任何错误都将被捕获并且存在 error 属性中。现在你应该对 Kafka 的内部原理有了更深一层的了解了。让我们重温一下示例，看看是否可以查找到所发送的信息，程序清单 A.2 实现了该功能。

清单 A.2   Kafka 的简单消息订阅

```
from kafka import KafkaClient, SimpleConsumer
                                                    建立一个KafkaClient对象
kafka = KafkaClient("localhost:9092")
consumer = SimpleConsumer(kafka,"mygroup","test")   用KafkaClient对象来实例
for message in consumer                             化一个SimpleConsumer
        print(message)
                                                    打印每一条消息
```

这里我们创建了一个 SimpleConsumer，它使用了一个 KafkaClient 参数和两个字符串参数。第一个字符串参数称为消费者组（consumer group），第二个则是指定消费者需要使用的 topic。消费者组会在多个消费者之间进行协调，使得发布到 topic 的某条消息只被消费者组的一个成员所消费。在这个例子中，我们的组中只有一个名为 mygroup 的消费者，所以它将接收生产者发往该组的所有消息。

还有一些你需要了解的关于 SimpleConsumer 的知识，虽然刚开始使用时并不明显。比如我们读取时没有指定任何 partition 和 offset，这是因为 SimpleConsumer 已经为我们考虑了这一点。对于 topic 中的每个 partition，以及对于每个消费者和消费者组，Kafka 都将会自动记录消费者到达的 offset，并将其记录在 Zookeeper 里，并且将会在 Kafka 被重启时使用。因此，多次执行之前的代码，offset 并不会从零开始，而是将从最后一次成功读取之后的位置开始读取，你不妨试试看！

Kafka 的主从同步

Kafka 的一个特性是它能够维护重复的 partition，以此来实现处理的并行性和数据的持久化。现在让我们将复制因子设置为 3，然后进行日志数据存储。这意味着对于每个 partition，数据将被存储在三个独立的 Kafka 服务中。

这需要在启动 Kafka 时进行一些设置。为了将复制因子设置为 3，我们需要运

行至少 3 个 broker。 在初始示例中，我们采用了备份 server.properties 文件的方式。现在我们需要修改它并创建两个额外的配置文件，请参阅清单 A.3 中所示的 server.properties 需要更改的部分。

清单 A.3　对 broker 2 中文件 server.properties 配置的修改项

```
broker.id=1
port=9093                    ←———  对每个broker必须
log.dirs=/tmp/kafka-logs-1         设置唯一的整数
```

我们需要修改 3 个参数，以便使用不同的属性文件创建多个 Kafka 实例。首先，我们需要更改 broker.id，这是 Kafka 集群中节点的唯一标识。其次，由于 3 个节点都将运行在同一个主机上，所以我们必须改变端口。最后，每个实例需要一个单独的路径来存放数据，因此要修改 log.dirs 参数。程序清单 A.3 中的示例展示了对于第二个 broker 的配置更改。我们将让你练习一下创建第三个 server.properties 文件。创建好后，假设新的配置文件命名和所在路径与我们新的配置文件相匹配，那么你可以使用以下命令为集群添加另外两个节点：

```
./bin/kafka-server-start.sh ./config/server-1.properties
./bin/kafka-server-start.sh ./config/server-2.properties
```

注意，因为我们没有修改 server.properties 中的 Zookeeper 配置信息，所以它们都将与同一个 Zookeeper 实例通信，无须进一步配置即可确保它们作为同一集群的一部分而进行工作。但是，你将需要修改一些配置来创建具有新复制因子的 topic，因此在 Kafka 所在的路径下输入以下命令：

```
bin/kafka-topics.sh --create --zookeeper localhost 2181 \
    --replication-factor 3 --partitions 1 --topic test-replicated-topic
```

这里将创建一个名为 test-replicated-topic 的新 topic，该 topic 有一个 partition，复制因子为 3。为了确认创建成功，可以执行下面的命令：

```
./bin/kafka-topics.sh --describe --zookeeper localhost:2181
```

如果一切顺利，你将看到类似于清单 A.4 所示的输出。

清单 A.4   Kafka 的 topic 的摘要信息

```
Topic:test
PartitionCount:1
ReplicationFactor:1
Configs:
        Topic: test
        Partition: 0    Leader: 0    Replicas: 0    Isr: 0

Topic:test-replicated-topic
PartitionCount:1
ReplicationFactor:3
Configs:
        Topic: test-replicated-topic
        Partition: 0    Leader: 0    Replicas: 0,1,2    Isr: 0,1,2
```

我们将进一步深入介绍这部分，因为对本附录后续内容有帮助。这个命令的输出总结了迄今为止我们实现的内容。在清单 A.1 中，我们自动创建了一个称为 test 的 topic，并在 server.properties 文件中指定了 test 创建时的默认参数。在写入时，每个 topic 的 partition 的默认复制因子为 1，代表不做复制。最后一列标题 Isr 代表同步副本，对此将在下一部分和 leaders 一起讨论。你还将看到最近添加的主题 test-replicated-topic。和期望的一样，目前这里只生成了一个分区，但是它的复制因子为 3。为了将消息发布到新创建的 topic 里去，让我们修改一下清单 A.1 中的代码，如清单 A.5 所示。

清单 A.5   Kafka 将消息发布到集群

```
from kafka import KafkaClient, SimpleProducer          包括可选参数的SimpleProducer，
                                                        此处我们使用同步操作并等待直到
kafka = KafkaClient("localhost:9092")                   整个集群收到一条消息，对应2秒
producer = SimpleProducer(kafka,        ←───┐           的超时时间设置
        async=False,
        req_acks=SimpleProducer.ACK_AFTER_CLUSTER_COMMIT,
        ack_timeout=2000)

producer.send_messages("test-replicated-topic","Hello Kafka Cluster!")
producer.send_messages("test-replicated-topic","Message to be replicated.")
producer.send_messages("test-replicated-topic","As is this!")
```

我们提供了一个 SimpleProducer 的替代结构，这里我们将它配置为同步通信，一直保持阻塞直到整个集群收到 SimpleProducer 返回的确认成功的消息。注意，这里也可设置 async = True，此时 SimpleProducer 不会等待回应。

运行程序清单 A.5 后，停止使用 server-1.properties 配置文件的 broker，并重新

运行程序清单 A.2，将 "test" 替换为 "test-replicated-topic"，然后你观察
到了什么？在这种情况下，仍然会收到三个新消息，以"Hello Kafka Cluster！"开始。
为什么呢？让我们通过查询 topics（通过先前发出的 ./bin/kafka-topics.sh 命
令）来做些深入了解。你现在可以通过清单 A.6 看到生成的新的 topic 的概况。

清单 A.6　Kafka 的 topic 的概况

```
Topic:test
PartitionCount:1
ReplicationFactor:1
Configs:
    Topic: test    Partition: 0    Leader: 0    Replicas: 0    Isr: 0
Topic:test-replicated-topic
PartitionCount:1
ReplicationFactor:3
Configs:
    Topic: test-replicated-topic    Partition: 0    Leader: 0    Replicas:
0,1,2    Isr: 0,2
```

你可以看到 Isr 已经从 0,1,2 变为了 0,2。你可能也注意到（虽然这里没有显示）
leader 也已经发生了改变。这两者都是 broker 1 刚刚被杀死而导致不可用的直接后果。
我们将在下面部分更详细地讨论这一点。

消息接收的确认

在继续讨论主从复制的底层细节之前，让我们先花些时间来了解消息传输以及
生成集群时可用的不同等级的消息接收确认机制。首先，有两种类型的通信：异步
通信（asynchronous）和同步通信（synchronous）。同步通信操作的含义是指消息在
生产者调用的同一线程上进行分发，生产者在发送下一条消息之前阻塞、等待前一
条消息的响应。相反，使用异步通信时，所有的新线程将以没有阻塞的方式并行发
送消息。虽然采用这种方式传递的消息很不可靠，但它能处理极高的吞吐量（消息
被批量处理，以分摊通信开销），因而在一些可以容忍少量错误的场景下，异步通
信方式可以说是更合适的选择。

对于这个例子，假设我们要进行同步通信，有三个选项可用于 SimplePro-
ducer 的实例化：[1]

- ACK_NOT_REQUIRED——SimpleProducer 不分配多个线程用于传递，也

---

[1] http://kafka-python.readthedocs.org/en/latest/usage.html.

不等待正在写入主题的 leader 的确认。这几乎提供了最糟糕的方法，因为缺乏确认意味着不能确保数据送达，但是缺乏异步传输会导致单个线程的负载非常重。

- ACK_AFTER_LOCAL_WRITE——确保 leader 在向生产者发送响应之前已将数据写入其本地日志（但未提交）。请注意，这并不能保证主从的一致性，因为如果这个 leader 在被确认后立即失败，从节点 replicas 将永远无法接收新数据。这是一个折中的方法，在写速度和持久性之间做了权衡。

- ACK_AFTER_CLUSTER_COMMIT——使用这个配置可确保 leader 将在其本地消息已经被提交时返回确认。也就是说，完整的同步主从集合（注意这不同于所有的主从集合）已经响应并确认它们提交的数据，并且数据也已在本地提交。这个方式提供了最强的可用性保证，但是显然在生产者消息提交和确认之间的延迟将会变得更高。如果至少有一个同步的副本保持可用，则可以确保数据的可用性。

图 A.4 提供了各种消息接收确认模式的概述。

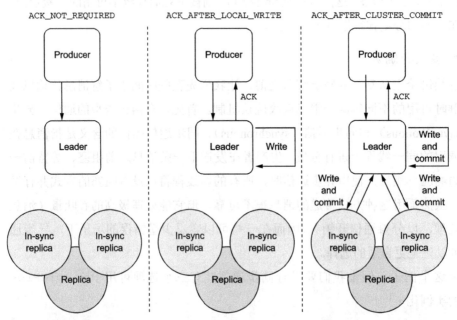

图 A.4　Kafka 不同层次的消息接收确认机制，从左到右逐步增加了可用性但也逐步牺牲了低延迟性。

内部原理：主从、leader、主从同步

至此，我们已经介绍了 Kafka 的复制模型，现在我们进一步深入了解内部的细节。到目前为止，我们已经知道了 topic 由 partition 构成，并且每个 topic 必须驻留在单个 broker 上。我们还知道，可以使用复制因子创建 topic，该因子用来控制数据冗余的级别。

虽然复制可以用 topic 的复制因子来指定，但是它是在 partition 级别实现控制的。如果回顾一下程序清单 A.6，你会看到每个 partition 的条目，这就是为什么要用一个 parition 的 topic 来演示的原因。这里，parition 0 有三个副本，但只有两个进行了同步，副本 0 是 leader。让我们从 broker 的视角来观察这个状态。

对于每个 partition，会被分配一个 leader。从某种意义上说，它是该 partition 的所有者，此 partition 的所有读 / 写操作都由 leader 来主导。因此，当生产者向 partition 发布消息时，首先将其发送给 leader，在做出响应前，生产者可以等待也可以不等待 leader 对主从的日志提交。我们之前已经对该协议以及配置项做了详细的说明。

注意，消息接收确认的概念和内部的同步机制是不同的两件事，但属于相关概念。这两个概念是解耦的，因为任何层次的消息接收确认都有机制。但是这不会影响集群为了实现一致性而进行的尝试。然而它们确实允许消息生产者在同步协议的不同事件上进行阻塞，并根据特定的输出结果来修改下游的行为。如何实现主从同步，即使遇到临时或永久的网络故障的情况，用图 A.5 展示的来自 Jun Rao 文章[1]的 ISR（in-sync replicas）的例子能够给出最好的说明。

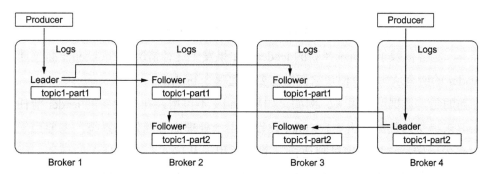

图 A.5　Kafka 的同步机制，来自 Rao 的文章。在这个例子中，我们有 4 个 brokers、1 个包含两个 partition 的 topic。Broker 1 管理 partition 1，Broker 4 管理 parition 2。

---

[1]　Jun Rao, "Intra-cluster Replication in Apache Kafka," February 2, 2013, http://mng.bz/9Z99.

在图 A.5 中，我们展示了一个由 4 个 broker 组成的 Kafka 集群。该集群管理了 1 个含有 2 个 parition 的 topic，这个 topic 的复制因子设置为 3。想象一下，如果我们要将一些数据写入 partition 1，数据将转发到 broker 1、broker 2 和 broker 3，3 个 broker 将通过主从同步复制集实现一致性。

相对于 leader，那些同步的从库所提交的日志是最新的，因此 leader 必须始终在 ISR 中。当消息发布到 leader 后，它将消息发送给其他从库，并等待答复直到 ISR 中的所有从库都提交了消息。如果某从库无法提交结果，该从库将被从 ISR 中删除，并且提交以待复制的状态完成。

从图 A.5 中具体来看一个例子，如果我们的消息生产者要写入 topic1-part1，它将首先与 broker 1 通信，取决于消息确认的级别，生产者将确认阻塞的类型；但无论如何，从库集群将继续进行同步。在正常操作下，ISR 将等于该 partition 的从库集。因此，broker 2 和 broker 3 将与 broker 1 通信，以传送、写入、提交所接收的数据。一旦完成，broker 1 将在本地提交该消息，然后结束操作。然而如果不能到达 broker 3（例如遇到超时），则 broker 1 将从 ISR 中移除 broker 3，当 broker 2 完成本地消息提交后结束操作。在这种情况下，broker 1 和 broker 2 会提交同步日志，但 broker 3 不同步。

如果 broker 3 重新开始工作，它将需要赶上复制集的其余部分。它通过与 leader 和 broker 1 沟通，了解它们之前错过了哪些消息。为此目的，leader 要维护一个高水印（wartermark，HW），指向 ISR 中最后提交的消息的指针。broker 3 将在此时截断其提交日志，追赶上 leader 的进度，并将自己添加回 ISR。这里还有另一种可能性：leader 故障。因为用 Zookeeper 来检测故障并管理集群的配置，所以在原 leader 失败的情况下，它会依赖于重新选择新的 leader。如果发生这种情况，Zookeeper 必须通知新 leader 的所有从库，以便让它们知道要跟随哪个 broker。

有趣的是，数据可能丢失。例如，如果 leader 不可用，在找到新的 leader 前任何写入但未提交的数据将丢失。Kafka 被设计用于处理高吞吐量的系统，主要用于数据中心内运转，它的同步机制使得它并不适用于从库间存在高延迟的环境。因此 ISR 集合改变和 / 或重新分配 leader 的可能性很低，对于大多数日志应用程序来说，考虑到 Kafka 提供的巨大吞吐量，少量的数据丢失是可以接受的。本例中引用的 Rao 的文章对主从同步机制进行了更为全面的介绍，推荐你参考 Rao 的文章来对此进行更深入的了解。

消费者组、平衡和排序

在程序清单 A.2 中，我们介绍了 Kafka 消费者组的概念。这种方式将 Kafka 抽象为队列形式使用，多个消费者从队列头部开始处理内容，每个消息会发往单个消费者，或者以类似发布 - 订阅系统那样广播给所有的消费者。

回想一下，发布到 topic 的每个消息要确保被传递给某个消费者或消费者群体，所以我们有一个 topic 和一个 group，这个过程模拟了队列的行为。每个消费者是它自己组的成员，这提供了与发布 - 订阅系统相同的行为——每个组接收相同的消息集。

每个 partition 被分配给组中的单个消费者，也即它是组中唯一从其接收消息的消费者。正如你将看到的，partition 被很好地进行了平衡分配，这也让消费的负载进行了均衡，尽管它也意味着，可以用来消费数据的消费者的最大数量受限于 partition 的总数量。

值得注意的是，Kafka 只能确保在一个 partition 内提供数据处理的先后顺序，直观上看，如果消息 a 在 b 之前在一个 partition 内被写入，则它们也将以同样的先后顺序被消费。在不同的 partition 之间，排序无法保证：当从多个 partition 读取时，可能会读取到另一个 partition 之前写入的消息，但这只会来自不同的 partition。从这个意义上看，Kafka 放松了队列中先后顺序的保证，以便通过并行读取方式来实现高吞吐量。在实践中，对于大多数日志记录系统，只需要指定数据如何划分 partition 就够了。例如你可以选择以一些模块的 cookie 或用户 ID 来划分传入的 Web 点击日志，这可以确保 partition 分布均衡，并且来自同一用户的所有日志将确保保存在同一 partition 中，然后可以对该 partition 的数据进行排序，来尝试了解该用户在与广告互动时前后依次发生的行为。下一节将更详细地讨论这一点。

将数据汇集到一起

在本小节中，我们将把所有内容汇集到一起，通过一个例子来阐述到目前为止介绍的所有概念。我们将再次使用单一 topic 的场景，将其称为点击流（click-streams）。我们将 topic 拆分为 3 个具有三级重复的 partition。系统将与两个消费者组交互：一个组包含单一消费者，另一个组包含三个消费者，两个组分别被命名为 group-1 和 group-2。最后，我们会确保来自同一用户的所有点击行为都被划分到同一个 parition 里去。图 A.6 提供了 Kafka 最终设置的整体概况。

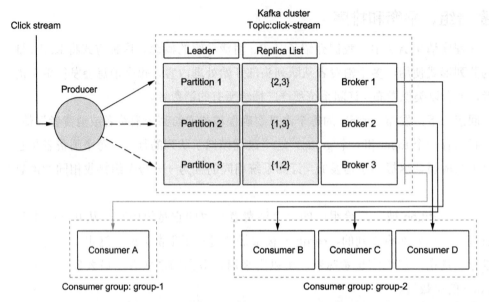

图 A.6 最终 Kafka 的集群。在该例子中，我们使用低级的生产者来执行我们自己的数据流的分区。
此集群使用 3 个 broker，3 个 partition，复制因子设置为 3。存在两个消费者组，被称为
group-1 的组包含单一的消费者，被称为 group-2 的组包含 3 个消费者。

之前我们已经提供过代码，用于建立一个新的集群，配置任意数量的 broker，
创建新的 topic，并指定 partition 数量和复制因子的等级。在程序清单 A.2 中，我们
还指出了如何在消费者组中创建消费者。到目前为止，我们还没有介绍的是如何自
定义指定 partition 方式，因为之前这是由 SimpleProducer 自动处理的。为了演示
这个概念，在下面的程序清单 A.7 里将引入一个新的数据模式。如果你希望编写与
这个例子类似的程序，可以从本书网站提供的附加资源（文件 A1.data）里获取到。

清单 A.7   用户点击数据

同一个用户在短时间内产生的广
告展示、点击、转化行为日志

```
381094c0-9e45-424f-90b6-ad64b06cc184    2014-01-02 17:33:07    click
6615087e-ea19-492c-869c-28fc1fa77588    2014-01-02 17:33:20    view
d4889090-942b-4790-9831-362051b0847b    2014-01-02 17:34:01    adview
e6688db5-d31f-4ede-985a-115fb51836fb    2014-01-02 17:35:06    adview
e6688db5-d31f-4ede-985a-115fb51836fb    2014-01-02 17:35:30    click
e6688db5-d31f-4ede-985a-115fb51836fb    2014-01-02 17:37:01    click
e6688db5-d31f-4ede-985a-115fb51836fb    2014-01-02 17:39:00    convert
ae6ae5c9-acb2-479b-adcb-0c29623d921b    2014-01-02 17:40:00    adview
1ac384c1-1b2d-4ed0-b467-7c90b7ac42d8    2014-01-02 17:40:01    adview
280bfa16-07ac-49ed-a1a5-9ab50a754027    2014-01-02 17:40:03    click
```

```
dda0e95d-9c30-4f60-bb6a-febf05526b83      2014-01-02 17:40:05      adview
8a1204f1-5076-4d4c-8b23-84c77ad541d8      2014-01-02 17:40:10      adview
3bdb8f17-11cc-49cb-94cf-75676be909b7      2014-01-02 17:40:11      adview
69b61156-6c31-4317-aec5-bd48908b4973      2014-01-02 17:40:13      adview
69722471-0532-4f29-b2b4-2f9007604e4f      2014-01-02 17:40:14      adview
00e5edf6-a483-48fa-82ed-fbfac8a6b1e6      2014-01-02 17:40:15      adview
9398d369-6382-4be0-97bc-182b3713745f      2014-01-02 17:40:17      convert
f40c1588-e4e1-4f7d-8ef5-5f76046886fb      2014-01-02 17:40:18      adview
54823527-fe62-4a81-8551-6282309b0a3f      2014-01-02 17:40:20      click
46d6f178-7c11-48c1-a1d7-f7152e7b2f1c      2014-01-02 17:40:26      adview
4c4e545b-d194-4531-962f-66e9d3b6116d      2014-01-02 17:41:00      convert
42b311f5-ba84-4666-a901-03063f7504a9      2014-01-02 17:41:01      adview
bfa28923-c358-4741-bcbf-ff99b640ee14      2014-01-02 17:42:06      adview
54c29b39-5640-49b8-b610-6f2e6dc6bd1b      2014-01-02 17:42:10      convert
edf6c5d2-1373-4dbb-8528-925d525b4a42      2014-01-02 17:43:03      click
f7f6752f-03bf-43f1-927c-8acdafd235e2      2014-01-02 17:43:11      adview
f4b7c0a6-b209-4cc4-b4e7-395489e0e724      2014-01-02 17:43:19      click
```

这是一个基于页面交互行为的虚拟和简化后的数据集。请注意，数据结构里包含三个不同的列，第一列是唯一标识码，或称全局唯一标识符（GUID）；第二列是交互行为的时间；第三列是交互行为的类型。这里只有三种互动类型：adview 指用户观看了广告；click 表示用户点击了广告；convert 表示用户产生了商品的购买转化。

我们可以设想一种计费方式，DSP 为每次点击获得相应的费用，但是要求同一个用户在指定的时间段（例如 5 分钟）内如果发生连续点击行为，则只计为一次。快速浏览一下程序清单 A.7，其中显示了某指定用户查看了某个广告，并点击了两次，然后产生了转化（也许购买了他们所看到的商品），这两次点击发生在几分钟时间之内。所以需要进行一些后续操作以确保在点击流数据中的第二次点击不算，只记为一次点击。

如果回顾一下本附录开始的清单 A.1，我们发布了称为 test 的单个 partition 的 topic。然而我们接下来想做的是以某种方式确保某一个用户的信息都划分到单一的 partition 上去。其次的要求是，如果数据在可用的 partition 间平衡分布就更理想了。下面的程序清单 A.8 提供了实现的代码。

清单 A.8　生产者数据的自定义划分

```
from kafka import KafkaClient
from kafka.common import ProduceRequest
from kafka.protocol import KafkaProtocol,create_message

kafka = KafkaClient("localhost:9092")
f = open('A1.data','r')

for line in f:
    s = line.split("\t")[0]
    part = abs(hash(s)) % 3
    req = ProduceRequest(topic="click-streams",
        partition=part,messages=[create_message(s)])
    resps = kafka.send_produce_request(payloads=[req],
        fail_on_error=True)
```

打开包含示例点击流数据的文件

对数据进行迭代

按Tab拆分文件，拉取出其中包含用户GUID的第一列

对GUID进行模3操作和哈希运算，以获取介于0和2（含）之间的数字

发送此数据，并和响应数据一起存储在resps对象中

创建ProduceRequest对象并指定点击流topic和partition

在这个简单的例子里，使用用户的 GUID 数据进行分区。在现实的生产环境中，点击流数据将会直接来自用户的浏览器或相关代码，这里为了方便演示例子，数据直接从一个文件中进行读取。

如果程序清单 A.6 里你的 broker 仍然是 dead 状态，现在可以重新启动它了。如果想运行这个例子，你需要创建重复级别为 3 的点击流 topic，并确保在运行清单 A.8 中的代码前先执行此操作，否则会自动创建出只有很少的 partition 的 topic：

```
bin/kafka-topics.sh --create \
                    --zookeeper localhost 2181 \
                    --replication-factor 3 \
                    --partitions 3 \
                    --topic click-streams
```

回顾一下，我们希望能让来自同一用户的所有点击流数据分配到同一 partition。通过程序清单 A.8 的操作，可以看到，对每一个 GUID 应用了一个取模 3 的运算（modulo 3），并将获得的结果用于发布的 partition。因此每一个用户行为数据的输入会得到相同的输出（取模 3），并且映射到相同的 partition。该 partition 并不是该用户所独有的——其他用户的数据也会存放在此——但这不是系统所必需的，因为 partition 的数量远小于用户的数量。这种客户自定义分区的方法还有一个其他有用的特性。假设 GUID 是随机分配的，因此结果模 3 后也会随机分配，这意味着用户基本上会在 partition 内均匀分配，在有限的资源下，确保数据生产者和消费者之间的负载均衡是非常重要的。

从图 A.6 所示的消费组的角度来看，让我们通过 partition 分配的过程来确保某一消费者的确能获得某一用户的所有数据。在 group-1 中，消费者 A 是唯一的成员，因此将会收到点击流 topic 的所有数据，数据传输是通过与 topic 的所有 partition 的 leader 的周期性通信来实现的。因为该消费者从所有分区获得数据，对于任意给定的用户，所有的数据都会归结到单一的某个消费者。

或许更有趣的是 group-2，包括消费者 B、C 和 D。回想一下，消费者组能保证的是：一条给定的信息在一个消费组内仅会被某个单独的消费者所接收，并且这是通过一个消费者分配的 parition 来实现的。在这种情况下，每个 partition 的 leader 与一个单独的消费者通信。broker 1（引导 partition 1）分配给消费者 B，broker 2 分配给消费者 C，broker 3 分配给消费者 D。注意，这可能是该例子中消费者的最大数量，因为一个小组中消费者的数量不能超过其消费的 topic 中 partition 的数量。

由于我们的自定义分区策略能够保证单个消费者处理来自给定用户的全部消息，因此删除重复的点击数据（去掉有误的点击并计算出 DSP 应该向客户收取的费用）将成为可能，因为所有的相关数据都由该消费者处理，并且 Kafka 提供的指令能保证一个 partition 上顺序发布的事件能够以相同的顺序被检索到。

还有一个中间示例，我们在这里还没有说明。在我们有两个消费者和三个分区的情况下，一个消费者将负责两个分区。这种分配将是随机的，它会影响消费者的负载均衡，但仍然能够确保单个消费者可以获得给定用户的全部数据。

评估kafka：大规模数据采集

到目前为止，我们已经介绍了 Kafka 以及通过使用 Python 客户端 kafka-python 来访问集群的方法。它可以作为定制日志传输服务的可选的替代方案，尽管这种方案简单易懂，但对达成我们的目标来说已被证明并非是最佳方法。为了完整介绍 Kafka 的设计理念，我们将 Kafka 的解决方案与我们原始的方法进行对比，来展示它能针对本章开始时介绍的若干指标有潜力来提供更好的表现。

Web 应用程序最重要的特性之一是有能力处理大规模的数据。当我们考虑原始的方案时，注意到，为了实现并行化，我们需要在系统中添加一些协作系统，也许很难得到正确的结果。还注意到，当数据并行处理后，我们需要在某个阶段对其重新结合。Kafka 充分照顾到了这些。通过分割数据和配置 partition 的数量可以迅速获得并行计算的能力。Zookeeper 承担了发现和管理的职责，结果汇合可以在消费者这里进行。为了获得最高级别的并行性，可以将 Kafka 配置为完全独立和不相关的 topic，消费模式相互独立，这将允许消费者组并行操作，在消费数据时潜在地进行数据转换。

　　扩展性是我们原始解决方案的主要出发点，因为它和所选择的架构紧密结合在一起。某个地区的点击次数增加也许意味着该区域的服务器处理能力需要增加，但在聚合日志时这将会导致后续的影响。Kafka 对这种情况会有帮助，因为它可能向集群添加 broker 来重新平衡 partition，另外，通过增加 partition 数量也能充分利用好 broker 资源池，即将扩展性集中到集群里，而不是分散到整个日志传送过程中。另一方面，Kafka 也可以配置为通过镜像来进行多集群操作，这将在集群间提供更低的时间延迟链路，非常适用于跨数据中心的同步操作。

　　持久性是 Kafka 的一个强项。我们已经讨论了 Kafka 如何复制数据，在使用大于 1 的复制因子的情况下提供容错能力。在这种情况下，broker 即使完全失效也不会影响系统内的数据流。相比于我们原始的解决方案，需要手工创建和管理副本，同样的，虽然并非完全不可能，但这将显著增加文件管理服务的复杂度。

　　在原始的方法中，延迟性不是一个可调参数。当某个事件发生时，我们必须等待直到它被记录下来，并且文件已经关闭，直到数据最终到达目的地后我们才能开始考虑如何处理它。相反，如果我们来看 Kafka，读和写的时间延迟都可以分别参数化。在写入的情况下，我们可以选择继续写入前需要确认的级别（请参见前面的"Kafka 的主从同步"一节），甚至可以选择异步写入，而不需要任何确认等待。这里的处理在写入延迟和数据一致性间进行了权衡，我们可以获得低延迟的写入，但是必须面对从原 leader 故障到新 leader 选定期间的少量数据丢失的可能性。在读取延迟性方面，因为从记录的最后偏移处开始读取，leader 可以等待或长或短的时间（取决于集群的数据存储窗口）来完成重启，并从上次偏移量之后继续进行读取。

　　原始解决方案假设在设计时只有唯一的消费者。这意味着这条处理管道最终会把所生成的数据在未来归结到一个数据库里去，这也可视作是一个基于推送的系统。并没有谁规定数据不能存储在其最终停留处以外的其他地方，因此重新处理数据——或提供多个数据消费进程——是偏离了常规的。相比之下，Kafka 在设计时考虑到了这些属性，可以很容易地配置多个处理流程来消费数据；我们只需要简单地启动一个额外的消费者组。在集群提供的存储窗口内它也能很容易重新处理数据。这些属性非常适用于原型设计和智能算法的部署，因为相关的数据始终可以被随时使用。这意味着我们可以快速地训练、部署、测试算法，让数据从生成出来到产生决策间的间隔尽可能紧凑。

Kafka的设计模式

为了巩固这里介绍的内容，我们将查看一些 Kafka 使用的标准设计模式。到目前为止，我们已经明确了解了 Kafka 是一个巨大的数据媒介平台；但是对开发应用程序来说这点还不够。既然已经掌握了将数据从 A 移动到 B 的能力，我们有必要对这些数据做一些有用的操作。为此目的，我们将介绍两个你可能会感兴趣的潜在用户案例，当你考虑如何实现本书后面章节中介绍的算法的时候会用到。

第一个案例将讨论如何在运行中执行数据转换。第二个案例将展示在批量数据平台中如何提取数据用于查询。然而请留意这两者未必是相互排斥的，流式处理可以发生在数据传送进入批处理引擎之前，或者这些步骤也可以并行发生。

Kafka 与 Storm 结合

Kafka 无法对它获取的数据单独执行任何转换操作。如果我们希望在执行流程中同步进行转换，必须将 Kafka 与其他技术绑定起来，例如 Storm。[1] Storm 是用于流式数据处理的一种分布式实时系统，它让我们只需要通过简单语法就能够以随意和复杂的方式来处理数据，其中两个是 spout 和 bolt。spout 作为数据来源，而 bolt 则是多个数据流的处理器，完成处理过程并可能会产生出一个新的流。这些语法通过若干种方式进行组合，并和各个阶段的数据交织在一起（随机移动到下一阶段，由特定字段分区，发送到所有，等等），提供了非常强大的处理实时数据的方法。这样的组合方法也称为拓扑（topologies）。

例如，使用 Kafka 和 Storm 的组合，将能够从前面提到的点击流 topic 中过滤掉重复的点击。这可以通过使用一个 Kafka spout 来实现，例如 storm-kafka，它从 Kafka 中提取数据并且作为拓扑的数据源。图 A.7 展示了一个示例。

[1] Sean T. Allen, Matthew Jankowski, and Peter Pathirana, *Storm Applied: Strategies for Real-Time Event Processing* (Manning, 2015).

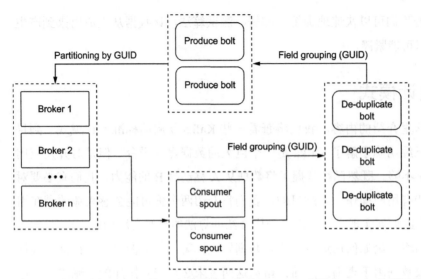

图 A.7   在本例中，spout 的一个消费者组从基于 GUID 分区的 Kafka 集群里消费数据。这确保了每个消费者 spout 能获取给定用户的所有数据。通过 Storm 的字段分组，我们也可以在 GUID 上划分数据，将数据发送给去重 bolt 中的某个进行点击去重操作。字段再次以 GUID 分组，然后将此发送给若干生产者中的某一个，以将结果写入一个新的以 GUID 分区的经去重后的 topic。

在这种配置中，我们使用 Kafka 结合 Storm 的能力来完成短时间内重复点击流的去重任务，所展示的消费者群体包括 Storm 的消费者 spout，其用与其他消费者相同的方式从 Kafka 中提取数据，但可配置为向 Storm 转发信息。在本例中我们对 GUID 使用 Storm 字段分组（field grouping）的方法，将数据发送给 3 个 bolt 执行去重操作。很多处理方式与 Kafka 相似，这个分组确保给定用户的所有数据将汇总给某一 bolt，对去重操作来说这是必须确保的。每个 bolt 的输出是一个去除了重复点击数据的流，此时我们选择再次使用字段分组将数据发送给生产者，这将确保每个用户的事件依次排序。生产者然后将消息发送回集群，通过 GUID 分区到一个新的topic，其中将包含去重后的数据。因为数据按照它到达的先后顺序被处理，所以用户去重后的数据会与原始数据大致相同的顺序到达特定的分区。

你会注意到这里说"大致相同"，听起来不是很严格！Storm 对确保顺序有几个等级的模式。在其最简单的模式中，消息可以被丢弃——甚至如果遇到超时会发送多次——产生多次重复输入。而对于严格唯一的 exactly-once semantics，必须使用 Storm Trident，即一种提供拓扑执行时增强保证的抽象方法，使用该方法可以确保新的去重后的 topic 数据与原始数据的顺序完全相同。

注意这里的可扩展性。理论上，四个步骤中的每一个都可以并行扩展而不会破坏系统的语义。使用 Kafka 结合 Storm 以及字段分组可以确保在 GUID 子空间里进行并行处理，当用户数量增加时，系统能够很高效地被扩展。

下面对去重的 bolt 进行快速讲解。利用到达数据的顺序可以很简单地解决点击数据的去重过程。对于给定用户所产生的每一次点击行为，可以将其存储在本地内存中，监听此后给定时间区间内的进一步点击行为，当重复发生时丢弃相应的消息。如果新产生的点击的时间间隔超过了给定的时间区间，则将原数据从内存中移除。这仅在每个用户行为排序有保证时才起作用（考虑如果一个消息被重复乱序发送给去重的 bolt，特别是在超出时间窗口时），如果我们选择这种处理方式，需要仔细考虑所需的 bolt 数量和每个 bolt 所需的内存空间。

Kafka 与 Hadoop 结合

实时数据处理是一套强大的机制，它能够做到当数据流入系统时被立刻转换，然而这种方法的缺点是我们需要预先知道转换的类型！在前面的例子中，我们明确知道了去重操作，因此可以很容易地在流处理架构内进行部署。

但在很多情况下，我们无法提前知道想要计算什么，这造成了传统分析师大量的工作负担。为了减轻这个负担，我们需要以可查询的方式将数据呈现给 Kafka，为了对此说明我们选择了 Hadoop（包含其他一些可用的技术）。

Apache Hadoop（https://hadoop.apache.org）是一个能够跨越多台服务器进行大数据集并行处理的软件框架，它使用一种称为 MapReduce 的简单的处理范式来以分布式方式执行计算，这样比在单台机器上计算要快得多。Hadoop 是一个非常强大的框架，建议你参考相关的文献来更好地使用它。

与 Hadoop 集成的是 Hadoop 分布式文件系统（Hadoop Distributed File System，HDFS），它构建了一个基于分布式的服务器集群上的抽象文件系统。保存在 HDFS 上的数据可以使用 MapReduce 来对规模极为巨大的数据集进行时间大为加速的运算。因此，从 Kafka 获得数据并导入给 HDFS 进行处理可能是你想要的！

图 A.8 显示了一个使用 Camus 项目（https://github.com/linkedin/camus）来实现将 Kafka 和 Hadoop 结合起来的简单架构。Camus 被构建为 MapReduce 任务，来从

Kafka 的 topic 中读取数据，并以分布式方式写入 HDFS。[1] 简而言之，它能够以并行化的方式将数据从一个系统加载到另一个系统。当处理非常巨大的数据集时，这是一个非常强大的功能。从 Kafka 的角度来看，Camus 只是另一个消费者。一旦开始执行，Camus 执行 topic 发现，在其自己的 partition 的 offsets 里加载 HDFS，并将 partition 划分为固定数量的任务（MapReduce 执行）——它们消费数据并将其写入 HDFS。与迄今为止所遇到的其他消费者一样，Camus 基于 pull semantics，因此需要一个调度器（scheduler）来触发执行。

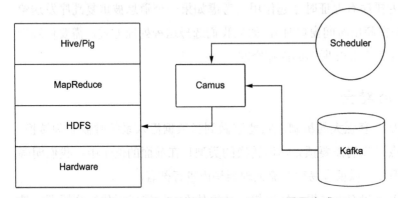

图 A.8   Kafka 与 Hadoop 集成的整体概况。Camus 用于生成 MapReduce 任务，它从 Kafka 中并行提取数据，放入 HDFS。Camus 任务必须定期执行，因此需要调度器（scheduler）。高级的程序语言，例如 Hive 和 Pig，可以用于查询导入的数据。

使用驻留在 HDFS 中的数据，可以运行 MapReduce 任务，或用高级查询语言来访问数据，例如 Apache Hive（https://hive.apache.org）或 Pig（https://pig.apache.org）。这些高级语言为数据分析师提供了对导入的海量数据进行随机查询的友好而熟悉的语法。

---

1   在本书写作期间，Camus 已经被称为 Gobblin（https://github.com/linkedin/gobblin）的下一代项目方案替换了。Gobblin 扩展了 Camus，并且将 LinkedIn 的其他一些数据采集项目归并统一了进来。